Sexualität

Reclam Sachbuch

Peter Fiedler
Sexualität

Philipp Reclam jun. Stuttgart

RECLAMS UNIVERSAL-BIBLIOTHEK Nr. 18725
Alle Rechte vorbehalten
© 2010 Philipp Reclam jun. GmbH & Co. KG, Stuttgart
Gestaltung: Cornelia Feyll, Friedrich Forssman
Gesamtherstellung: Reclam, Ditzingen. Printed in Germany 2010
RECLAM, UNIVERSAL-BIBLIOTHEK und
RECLAMS UNIVERSAL-BIBLIOTHEK sind eingetragene
Marken der Philipp Reclam jun. GmbH & Co. KG, Stuttgart
ISBN 978-3-15-018725-8
www.reclam.de

Inhalt

Kapitel 1   Die Zeiten, in denen es den Begriff Sexualität
            noch nicht gab   17
Kapitel 2   Das Zeitalter der Sexualität   34
Kapitel 3   Sexuelle Entwicklung, Geschlechtsidentität
            und Partnerwahl   65
Kapitel 4   Sand im Getriebe der Liebe und die Störungen
            sexueller Funktionen   98
Kapitel 5   Sexuelle Devianz und die Störungen
            der Sexualpräferenz   126
Kapitel 6   Sexuelle Gewalt: Evolution oder Kultur?   149
Kapitel 7   Die Zukunft der Sexualität – kein Sex mehr
            im 21. Jahrhundert?   168

Textnachweise und weiterführende Literatur   185
Glossar   193

Kapitel 1
Die Zeiten, in denen es den Begriff Sexualität noch nicht gab

Sexuelle Empfindungen und sexuelle Aktivitäten hängen grundlegend mit der Befriedigung menschlicher Bedürfnisse zusammen. Sie zeigen eine große Variationsbreite sowohl in der Intensität des Wünschens und Erlebens als auch in den unterschiedlichen sexuellen Praktiken. Das sexuelle Verlangen kann einen Menschen gelegentlich derart überwältigen, dass dieser für Stunden, Tage oder sogar Wochen das Gefühl hat, nicht mehr Herr seiner selbst zu sein. Kaum ein Mensch dürfte daran vorbeikommen, sich irgendwann einmal in seinem Leben die Frage zu stellen, ob das, was er gerade in sexueller Getriebenheit herbeisehnt oder phantasiert, oder ob das, was er konkret sexuell erlebt oder ausagiert, noch der Normalität entspricht oder nicht.

Die Vielfalt und Heftigkeit sexuellen Verlangens und sexuellen Verhaltens macht es häufig schwer, die Grenzen zwischen ›Normalität‹ und ›Abweichung‹ eindeutig zu ziehen. Es ist deshalb nicht weiter verwunderlich, wenn genau dieses Problem seit Menschengedenken bewegt: Dichter und Denker waren und sind vielfach damit beschäftigt, sexuelle Grenzerfahrungen in Worte zu kleiden. Strittige Grenzfälle lösen immer wieder heftige öffentliche Diskussionen über die Angemessenheit und Unangemessenheit sexueller Gewohnheiten und Vorlieben aus. Immer schon waren und sind Mächtigere (seien es Stammesführer, Herrscher, Gerichte oder vor allem Kirchen und

Religionsgemeinschaften) darauf aus, Normen und Regeln für akzeptierbare Sexualität zu formulieren und diese durchzusetzen.

Allerdings gibt es den heute allgegenwärtigen Begriff »Sexualität« erst seit knapp zwei Jahrhunderten. 1820 wurde er vom Botaniker August Henschel (1790–1856) in einer Studie über die Fortpflanzung der Pflanzen in die Wissenschaftsgeschichte eingeführt. Davor gab es Bezeichnungen nur für geschlechtsspezifische Eigenarten und Typisierungen oder für sexuelle Handlungen.

Nachdem Henschel den Begriff »Sexualität« geprägt hatte, machte er in nur wenigen Jahren weltweit innerhalb und außerhalb der Wissenschaft die Runde. Die »Sexualität« der Pflanzen, Tiere und der Menschen wurde schnell zum Forschungsgegenstand unterschiedlichster Disziplinen. Nach den Biologen folgten zuerst die Mediziner, dann die Philosophen, und bereits Ende des 19. Jahrhunderts konnte sich die Sexualitätswissenschaft vom Menschen als eigenständige Disziplin an den Universitäten etablieren (davon wird im zweiten Kapitel die Rede sein).

Zunächst folgt hier nun eine Reise in Schlaglichtern durch jene Jahrhunderte, in denen es den Begriff »Sexualität« noch nicht gab. Da der Begriff »Sexualität« jedoch nicht nur praktisch zu gebrauchen ist, sondern bestimmte Sachverhalte aus heutiger Sicht treffender zu kennzeichnen vermag, wird er auch in diesem Kapitel über die Zeit vor der Sexualität benutzt.

Zur Geschichte sexueller Anpassung im Abendland

Natürlich kann keine Gesellschaft ohne ein bestimmtes Minimum an Sexualgesetzen bestehen, weil bestimmte Arten sexuellen Verhaltens mit Gewalt, Erniedrigung, Ausbeutung oder Freiheitsberaubung verbunden sind und die Opfer solchen Verhaltens grundsätzlich gesetzlichen Schutz verdienen. Im Vergleich der Epochen und sich wandelnder Kulturen lässt sich jedoch unschwer feststellen, dass z. B. das Problem sehr unterschiedlich beurteilt wurde, ab wann genau ein Mensch durch sexuelle Handlungen zu Schaden kommt. Dies wird dann besonders deutlich, wenn man sich klarmacht, dass sich moralische Ablehnung, soziale Ausgrenzung und rechtliche Verfolgung sexueller Praktiken auch dann beobachten lassen, wenn es gar keine ›Opfer‹ gibt. Bis heute werden Gesetze angewendet, die sexuelle Handlungen selbst dann unter Strafe stellen, wenn sich keine der beteiligten Personen in ihrer Freiheit eingeschränkt bzw. sich subjektiv geschädigt fühlt. Gerade im Bereich der sexuellen Präferenzen bzw. ihrer Störungen (also der sogenannten Paraphilien; siehe Kapitel 5) finden sich eine Reihe von Handlungen, die unter Partnern einvernehmlich vorgenommen werden: Kein Beteiligter würde je Anzeige erstatten, keiner vor Gericht als Zeuge gegen den Partner aussagen wollen.

Relative Begriffe und gesellschaftliche Definitionen

Vielleicht liegt einer der wesentlichen Fortschritte der »Sexuellen Revolution« im 20. Jahrhundert darin begründet, dass in den meisten westlichen Ländern tatsächlich sehr viele Gesetze abgeschafft wurden, die gegen einvernehmliche Sexualität im privaten Bereich und damit gegen sogenannte »Straftaten ohne Opfer« gerichtet waren. Das ist jedoch bei weitem noch nicht überall der Fall. Außerdem wäre es eine viel zu stark verkürzte Sichtweise, die Abweichungen von einer vermeintlichen »sexuellen Normalität« ausschließlich unter der Perspektive sich rasch wandelnder gesetzgebender, judikativer Normen in der modernen Gesellschaft zu betrachten.

Historisch gesehen stellten sexuelle Anpassung und sexuelle Abweichung, sexuelle Störung und sexuelle Delinquenz schon immer nur von außen definierte, relative Begriffe dar. Ihr konkreter Inhalt hängt jeweils vom gesellschaftlich-kulturellen Zusammenhang ab: Bei vielen Formen der sexuellen Abweichung handelt es sich einerseits um sozial konstruierte Kategorien und andererseits um ein spezifisch menschliches Sexualverhalten, das sich im Tierreich nicht oder nur selten beobachten lässt und das selbst einem langwierigen gesellschaftlichen Definitionsprozess unterzogen werden musste.

Die definitorische Festlegung dessen, was als angepasstes und unangepasstes Sexualverhalten gilt und was damit seine Tolerierung wie Disziplinierung durch die Gesellschaft bestimmt, kann durch unterschiedliche Begründungen und Instanzen erfolgen:

- durch religiöse Gemeinschaften bzw. Sekten und ihre Führerpersönlichkeiten, die sich oft als Sprecher und Ausführungsorgan einer ›höheren‹ Moral verstehen;

- durch den Rechtsstaat nach dem angeblichen oder dem tatsächlichen »Willen des Volkes« mit Mitteln der Legislative und Jurisdiktion;
- durch die Wissenschaft, dort vor allem durch die Mediziner und Psychologen, die sich bemühen, Grenzen zwischen »gesundem«, »krankem« oder »gestörtem« Verhalten zu ziehen.

Das gesellschaftliche Alltagsbewusstsein folgt den von dort vorgenommenen Regularien nur sehr zögerlich: Auch wenn sich in diesem Dreigestirn *eine* Perspektive, wie z. B. die wissenschaftliche Beurteilung, wandelt, ist der im Privaten unauffällig bleibende Fetischist nicht automatisch nur ein sonderlicher Kauz, der nunmehr ein Recht darauf hat, in Frieden gelassen zu werden. Veränderungen in einem der Bereiche, also in Religion, Rechtsstaat oder Wissenschaft, ziehen nicht automatisch Veränderungen in den zwei anderen nach sich. Trotz der erreichten rechtlichen Anpassung an eine Norm kann die vermeintliche Abweichung unter einer der beiden anderen Perspektiven deutlicher werden oder sich sogar verschärfen. Und die sich dadurch ergebenden neuen Konflikte werden vermutlich nur wenig entschärft, wenn etwa einzelne Psychotherapeuten religiöse Auffassungen reflektieren, wenn Gutachter offen Kritik an der Justiz üben oder wenn Geistliche medizinisch-psychologische Überlegungen in die Bewertung paraphilen Verhaltens einbeziehen.

Griechenland und Rom

Die antiken Griechen waren, soweit es uns die Quellen mitteilen, der Ansicht, dass fast alle ihre Götter ein lebhaftes und vielseitiges Liebesleben hatten. Entsprechend wurden Götter und Göttinnen der Fruchtbarkeit, Schönheit und sexuellen Freuden in besonderen Tempeln und zu besonderen Anlässen mit orgiastischen Feierlichkeiten verehrt. Jugend und körperliche Schönheit wurden bewundert, und junge Körper wurden gern und nur wenig oder gar nicht bekleidet stolz gezeigt. Sexuelle Enthaltsamkeit stellte noch keine relevante moralische Größe dar – höchstens im sehr eingeschränkten Sinne bei Enthaltsamkeit etwa bestimmter Priesterinnen wie der Vestalinnen, die ἁγεία (›Reinheit, Keuschheit, Züchtigkeit‹ und eben auch ›Enthaltsamkeit‹) üben sollten. Außerhalb dieses Zusammenhangs ist in den klassischen griechischen Texten aber jedenfalls kein besonderes Wort für Keuschheit zu finden.

Eros und Aphrodite Im antiken Griechenland versinnbildlichte der junge und kraftvolle Gott Eros Liebe und sexuelles Verlangen. Unvorhersehbar konnte er von Menschen Besitz ergreifen. Jeder Widerstand gegen eine solche Inbesitznahme wäre zwecklos gewesen. Dies betraf auch das homosexuelle Begehren, insbesondere die Päderastie, also die sexuellen Handlungen zwischen einem erwachsenen Mann und einem Jungen oder männlichen Jugendlichen. Die Betonung lag dabei auf dem sexuellen Verlangen, nicht auf seinem Objekt, wie dies auch heute noch in einem griechischen Sprichwort überliefert ist: »Der Gott der Liebe wohnt im Liebenden, nicht im Geliebten.« Dies erklärt vielleicht, weshalb den Griechen eine große Toleranz in sexuellen Dingen nachgesagt wird. Jedenfalls lässt sich keine Überlieferung finden, die die Verfolgung oder Bestrafung abweichender Sexualität schildert.

Die Ansicht großer Toleranz stimmt jedoch nur teilweise. Viele politische Denker waren durchaus puritanisch ausgerichtet und hegten gelegentlich die Befürchtung, dass ausschweifende Sexualität den Bürger-Soldaten verweichlichen könne. So hatte Platon (427–347 v. Chr.) die Päderastie in seinem *Symposion* befürwortet. Dort bemerkt Sokrates:

Der Eros der *gewöhnlichen* Aphrodite ist nun folglich wahrhaft gewöhnlich und setzt ins Werk, was sich gerade so ergibt, und dies ist der Eros, den die vulgären Leute lieben. Solche Menschen lieben aber erstens nicht weniger Frauen als Knaben, zweitens bei denen, die sie lieben, mehr die Körper als die Seelen, sodann die möglichst Unvernünftigen, weil sie nur auf die Befriedigung achten, sich aber nicht darum kümmern, ob auf schöne Weise oder nicht. Daher ergibt sich dann für sie, das zu tun, was immer sich findet, gleichermaßen Gutes, ebenso aber auch das Gegenteil. Denn er kommt von der Göttin, die bei weitem jünger ist als die andere und in ihrem Ursprung Anteil sowohl am Weiblichen als auch am Männlichen hat. Der Eros der *Himmlischen* (Aphrodite) aber kommt erstens von einer Göttin, die keinen Anteil am Weiblichen, sondern nur am Männlichen hat – und dies ist die Liebe zu den Knaben –, zweitens von einer älteren, die frei von Ausschweifungen ist. Daher wenden sich die von dieser Liebe Inspirierten dem Männlichen zu, weil sie das von Natur aus Stärkere und mehr Verstand Besitzende schätzen. Und es könnte jemand gerade auch bei der Knabenliebe diejenigen erkennen, die aufrichtig von dieser Liebe angetrieben sind; denn sie lieben keine Kinder, sondern Jungen, wenn sie bereits beginnen, Verstand zu entwickeln. Dies aber geschieht mit dem ersten Bartwuchs. Denn diejenigen, die von hier aus beginnen, sind, glaube ich, dazu in der Lage zu lieben, um das ganze Leben zusammen zu sein und gemeinsam miteinander zu leben, aber nicht dazu fähig, zu betrügen und, nachdem sie sich einen Jugendlichen, der noch unvernünftig ist, gegriffen haben, ihn auszulachen und sich davonzumachen, indem sie zu einem anderen laufen. Es müsste aber auch ein Gesetz geben, keine Kinder zu lieben, damit nicht viel Energie auf etwas Ungewisses verwendet würde, ist es doch ungewiss, wohin die Entwicklung der Kinder letztendlich zielt, was Schlechtigkeit und Tüchtigkeit von Körper und Seele betrifft.

Berühmt ist jene Stelle, in der er den zweigeschlechtlichen Menschen als früher *ein* Wesen beschreibt, das sich nun wieder zu einem Wesen zu vereinigen sucht.

Jeder von uns ist also das Bruchstück eines Menschen, da er aus einem Teil in zwei Teile zerschnitten ist wie die Schollen. So also sucht immer ein jeder das ihm zugehörige Bruchstück. [...] Alle Frauen [...], die Schnittstück einer Frau sind, die interessieren sich gar nicht für Männer, sondern sind vielmehr den Frauen zugeneigt, und aus diesem Geschlecht stammen die Lesben. Alle aber, die Schnittstücke eines Männlichen sind, gehen dem Männlichen nach und lieben, solange sie Kinder sind, als Teilstücke des Männlichen Männer und freuen sich darüber, mit den Männern zusammenzuliegen und von ihnen umarmt zu werden, und sie sind die Besten unter den Knaben und Jünglingen, da sie von Natur aus am männlichsten sind. Es behaupten aber manche, dass sie schamlos seien, womit sie lügen. Nicht aus Schamlosigkeit nämlich tun sie dies, sondern aus Wagemut, Tapferkeit und Männlichkeit, da sie das ihnen Ähnliche hochschätzen. [...] Wenn sie [...] zu Männern geworden sind, lieben sie Knaben, und der Sinn steht ihnen nicht von Natur aus nach Ehe und Kinderzeugung, sondern sie werden vom Gesetz dazu gezwungen; ihnen selbst genügt es, miteinander unverheiratet zusammenzuleben. In jeglicher Hinsicht wird ein solcher Mann erst Freund eines Liebenden, dann ein Knabenliebhaber, weil er stets dem ihm Verwandten zugetan ist. Wenn einer nun genau auf seine andere Hälfte trifft, der Knabenliebhaber wie auch jeder andere, dann werden sie auf wunderbare Weise durch ein Gefühl von Freundschaft, Vertrautheit und Liebesverlangen überwältigt und sind sozusagen nicht bereit, sich auch nur für einen kleinen Augenblick voneinander zu trennen. Und diejenigen, die ihr ganzes Leben miteinander verbringen, die sind es, die wohl nicht einmal sagen könnten, was sie sich voneinander wünschen; denn es glaubt doch wohl niemand, dass es der Geschlechtsverkehr ist, um dessentwillen der eine mit so großer Leidenschaft Freude darüber empfindet, mit dem anderen zusammen zu sein.

Andererseits hatte Platon die Päderastie auch als nicht ganz der Natur gemäß angesehen, da zweigeschlechtliche Tiere (wie er – fälschlicherweise – glaubte) sich nie mit ihrem eigenen Geschlecht vereinigen. Dennoch war Päderastie für ihn nicht gegen die Natur gerichtet. Sie ging lediglich über das hinaus, was die Natur fordert. Nicht die homosexuelle Person war für ihn also gegen die Natur, nur die Leidenschaft des Aktes, den diese vollzog. Schließlich war Platon auch davon überzeugt, dass die Homosexualität unter Soldaten für Kameradschaft und Zusammenhalt wichtig war.

Amor und Venus Antike Schriftsteller formulierten ihre Anmerkungen zur Homophilie gern in satirischer und ironischer Weise, und zwar in gleicher Weise, wie sie sich schlüpfrige Anspielungen überhaupt erlaubten – auch gegenüber Personen, die ausschließlich heterosexuelle Beziehungen bevorzugten. In dieser Hinsicht kann man übrigens zwischen griechischen und römischen Autoren kaum Unterschiede ausmachen. Und nur deshalb wissen wir auch, dass Vergil (70–19 v. Chr.) ausschließlich an Knaben Gefallen fand, oder Kaiser Claudius (10 v.–54 n. Chr.) ausschließlich an Frauen. Auch in der Selbstdarstellung des eigenen Geschlechtslebens finden wir kaum Mitteilungen über Scham und Schuld: Horaz (65–8 v. Chr.) bemerkte wiederholt und nicht ohne Stolz, dass er beide Geschlechter liebe, und Cicero (106–43 v. Chr.) hat die Küsse besungen, die er von den Lippen seines Sklavensekretärs raubte.

So wurden auch noch im antiken Rom viele Formen der Sexualität, die aus der heutigen Sicht eher Befremden auslösen würden, als von den Göttern vorbestimmt und daher als gut befunden. Die griechischen Gottheiten Eros und Aphrodite wurden von den Römern als Amor und Venus verehrt. Homosexualität wurde zwar nicht mehr idealisiert, dennoch als normal und natürlich angesehen. Andererseits legte sich auch ein Schatten auf die ›römische Seele‹, als nämlich – vor allem in der Kaiserzeit – zunehmend über sexuelle Gewalt und Grausamkeit berichtet wurde.

Etwa zur Lebenszeit Jesu fanden dann Philosophen zunehmend breite Anhängerschaft, die sexuelle Askese, Reinheit und Tugend predigten. Einer der prominentesten war der mystische Philosoph Plotin (204–269), der behauptete:

Für maassvoll besonnene Menschen ist die Zuneigung zum irdisch Schönen frei von Sünde, aber der Abfall zur fleischlichen Vermischung ist Sünde. Wer eine reine Liebe zum Schönen hat, für den ist die Schönheit allein Gegenstand der Bewunderung, mag er zur Erinnerung an die intelligible [also an die durch Geist erfahrbare bzw. einsehbare] Schönheit gelangt sein oder nicht; bei wem aber noch ein anderes Verlangen, nämlich das nach Unsterblichkeit, hinzukommt, soweit dies im Bereich des Sterblichen liegt, der sucht in dem Unvergänglichen und Ewigen das Schöne und verfährt naturgemäss, indem er im Schönen zeugt, und zwar zeugt er für die Fortdauer, im Schönen aber wegen seiner Verwandtschaft mit dem Schönen. […] Diejenigen […], welche schöne Körper ohne fleischliche Vermischung zu beabsichtigen lieben, weil sie schön sind, sowie diejenigen, welche die fleischliche Liebe zu Frauen hegen, damit auch der Fortdauer ihr Recht werde, die handeln, wenn sie sich hierbei zu keiner Verirrung fortreissen lassen, beide vernünftig, indessen sind die ersteren besser.

Dieses Umdenken ging Hand in Hand mit Vorstellungen, mit denen die frühen Denker des Christentums eine grundlegende moralische Wende einleiten sollten.

Das alte Israel

Sitten, Rechte und religiöse Vorstellungen des alten Israel sind im Alten Testament der Bibel sorgfältig dokumentiert – und sie spielen deshalb auch noch heute in einigen religiösen Gruppierungen eine wichtige Rolle. Viele Passagen machen deutlich, dass die Israeliten zwar die Fortpflanzung als ein Hauptziel der Sexualität betrachteten, dass man aber andererseits zugleich eine hohe Meinung von sexueller Lust hatte. Diese wurde insbesondere zur Zeit des Königs Salomon (972–932 v. Chr.) öffentlich vertreten, unter dessen Regierung Israel eine besondere Zeit der kulturellen Blüte erlebte. Zwar sollten sich Männer und Frauen nicht nackt zeigen, denn solches wurde als beschämend und peinlich angesehen. Freude an Sexualität jedoch galt als Tugend – wenngleich mit der strikten Einschränkung, dass sie vorrangig der Fortpflanzung zu dienen habe.

So forderte das Gesetz das ausschließliche Primat des (ehelichen) Koitus gegenüber allen anderen sexuellen Handlungen. Jede Sexualität, die nicht der Fortpflanzung diente (d.h. auch die Selbstbefriedigung), stand im Widerspruch zum Willen Gottes, galt als ›widernatürlich‹ und war damit gesetzeswidrig. Homosexualität und sexueller

Kontakt mit Tieren wurden sogar mit dem Tode bestraft (3. Moses 20,13 und 20,15).

> Wenn jemand beim Knaben schläft wie beim Weibe, die haben einen Greuel getan und sollen beide des Todes sterben; ihr Blut sei auf ihnen.
> [...] Wenn jemand beim Vieh liegt, der soll des Todes sterben, und das Vieh soll man erwürgen.

Diese religiös motivierte Intoleranz hatte möglicherweise handfeste politische Hintergründe. Israel war von Völkern umgeben, die andere Götter verehrten und bei denen es nicht unüblich war, vielfältigste Formen sexueller Handlungen zum Bestandteil dieser Verehrung zu machen. Ähnlich lassen sich noch heute in einigen Tempeln – etwa im indischen Khajuraho – in Stein gemeißelte Nachbildungen orgiastischer Szenen bestaunen, die von freizügigen sexuellen Akten bis zur Sexualität mit Tieren reichen. Zur Absicherung der monotheistischen Religion wie der nationalen Identität wurde die Sexualität ohne das Ziel der Fortpflanzung deshalb dem Götzendienst gleichgesetzt und wie eine schwere religiöse Verfehlung geahndet. Später, etwa zur Lebenszeit Jesu, entwickelten extreme religiöse Gemeinschaften wie z. B. die Essener, noch strengere asketische Ideale, die jedoch für die jüdische Kultur in ihrer Gesamtheit zu keiner Zeit kennzeichnend waren.

Jesus und Paulus Von solchen asketischen Vorstellungen ist in den Überlieferungen um das Wirken Jesu wenig zu finden. Weder rühmte noch verdammte er das sexuelle Begehren, vielmehr predigte er seinen Zuhörern, insbesondere Außenseitern der Gesellschaft mit Toleranz und Vergebung zu begegnen, und davon nahm er jene nicht aus, die sexueller Vergehen bezichtigt wurden, so in Lk. 7,36–50: Eine Sünderin salbt dort Jesu die Füße – und er verteidigt sie gegen Angriffe, denn: »Ihr sind viele Sünden vergeben, denn sie hat viel geliebt; welchem aber wenig vergeben wird, der liebt wenig«, oder sein Einsatz für eine Ehebrecherin, die nach mosaischem Gesetz gesteinigt hätte werden müssen (die Geschichte findet sich in Joh. 8,1–11): Jesus nimmt die Unzüchtige in Schutz, indem er sagt: »Wer unter euch ohne Sünde ist, der werfe den ersten Stein auf sie.« (8,7)

Erst der Missionar Paulus verurteilt in seinen Briefen explizit die Homosexualität (Röm. 1,26–27):

> Darum hat sie Gott auch dahingegeben in schändliche Lüste: denn ihre Weiber haben verwandelt den natürlichen Brauch in den unnatürlichen;
> desgleichen auch die Männer haben verlassen den natürlichen Brauch des Weibes und sind aneinander erhitzt in ihren Lüsten und haben Mann mit Mann Schande getrieben und den Lohn ihres Irrtums (wie es denn sein sollte) an sich selbst empfangen.

Er wendet sich überhaupt gegen Verbindungen zwischen Mann und Frau (1 Kor. 7,38): »Demnach, wer verheiratet, der tut wohl; welcher aber nicht verheiratet, der tut besser.«

Paulus' Erklärung wurde entsprechend so gedeutet, dass der Zölibat über die Eheschließung überlegen sei. Diese asketischen Einstellungen zur Sexualität wurden von einigen dogmatischen Kirchenvätern wie Tertullian, Jeremias und

Augustinus übernommen. Insbesondere die von Augustinus (354–430) gezogene Verbindung zwischen Sexualität, Erbsünde und Schuld hatte entscheidende Auswirkung auf das christliche Denken. Nach seiner Auffassung waren die willentlich nicht zu beeinflussenden Körperreaktionen beim Geschlechtsverkehr ein erschreckendes Zeichen für die Versklavung des Fleisches – eine Konsequenz des Sündenfalls von Adam und Eva. Der Sündenfall habe beide und alle ihre Nachkommen einer hinreichenden Selbstkontrolle beraubt und sie so der Fleischeslust ausgeliefert. Über seine Jugend schreibt er in seinen berühmten *Bekenntnissen* im zweiten Buch:

> Zurückdenken will ich an die von mir begangenen Abscheulichkeiten und die fleischlichen Verderbnisse meiner Seele, nicht, als ob ich sie liebte, sondern um dich zu lieben, mein Gott. [...] Einst nämlich, in jungen Jahren, entbrannte in mir die Begier, mich an Höllischem zu sättigen, und ich verwilderte aus Übermut in mannigfaltigen finsteren Liebesabenteuern; meine Schönheit schwand dahin, und ich verfiel vor deinen Augen, wenngleich ich mir gefiel und menschlichen Augen zu gefallen suchte.
>
> [...] Was war es anderes, das mich erfreute, als zu lieben und geliebt zu werden? Der Weg von Geist zu Geist als der lichtvolle Pfad der Freundschaft war es jedoch nicht, den ich einzuhalten trachtete, vielmehr erhoben sich die Dünste aus dem Sumpf fleischlicher Begierde, aus dem sprudelnden Quell der Mannbarkeit, umwölkten und verfinsterten mein Herz, so dass sich der strahlende Glanz der Liebe [*dilectio*] nicht mehr vom Dunst der Lust

[*libido*] unterscheiden ließ. Beides wogte, ineinander verwirrt, in mir, riss meine schwache Jugend durch die Abgründe der Leidenschaften und versenkte sie im Strudel der Laster. Immer mehr wuchs dein Zorn mir gegenüber, doch ich ahnte nichts davon. Vom Kettengeklirr meiner Sterblichkeit, der Strafe für die Überheblichkeit meiner Seele, war ich taub, ich entfernte mich immer weiter von dir, du aber ließest es zu, und ich wurde hin- und hergetrieben, ließ mich gehen, verkam und sprudelte über in meinen Unzuchtstaten, du aber schwiegst. Welch späte Freude für mich! Damals schwiegst du, und ich entfernte mich immer weiter von dir zu immer unfruchtbareren Schmerzenskeimen in überheblicher Verworfenheit und rastloser Erschöpfung.

[...] Wer hätte meiner Drangsal Einhalt gebieten, die flüchtigen Reize stets wechselnder Erlebnisse mir zum Nutzen wenden und ihrem lieblichen Genuss Schranken setzen können, damit die wilden Fluten meiner Jugend, wenn sie sich schon nicht zu beruhigen vermochten, gegen das eheliche Gestade hätten branden können, zufrieden mit dem Zweck, Kinder zu erzeugen, weil es dein Gesetz vorschreibt, Herr, der du auch die Nachkommenschaft unseres sterblichen Geschlechts hervorbringst und deiner Macht gemäß mit Sanftmut Hand anlegst, um die Pein zu mildern, die deinem Paradies fremd war? Denn deine Allmacht ist uns nicht fern, auch wenn wir dir fern sind. Oder hätte ich doch wenigstens aufmerksamer auf die klangvolle Sprache deiner Wolken geachtet: *Solche werden fleischliche Trübsal haben. Ich aber schone euch* [1. Kor. 7,28], und: *Gut ist es für den Menschen, keine Frau zu berühren* [1. Kor. 7,1], und: *Wer keine Frau hat, sorgt für das, was Gottes ist, und, wie er Gott gefalle; wer aber durch die Ehe gebunden ist, sorgt für das, was der Welt ist, und, wie er seiner Frau gefalle* [1. Kor. 7,32–33]. Auf diese Worte hätte ich also aufmerksamer hören und hätte, verschnitten um des Himmelreichs willen ein Glückseligerer, deine Umarmungen erwarten sollen.

Für ein christliches Leben, mit dem sich die Hoffnung auf Wiedereintritt in das Paradies verband, verlangte Augustinus daher die strikte Unterdrückung sexuellen Begehrens. Jungfräulichkeit, vollständige Abstinenz und systematische Missachtung sexueller Regungen des Körpers sind Merkmale der eingeforderten Tugend. Auch sexuelles Begehren in der Ehe wurde mit dem Gebot absoluter Zurückhaltung und der strikten Einschränkung auf die Zeugungsfunktion des Geschlechtsverkehrs belegt, wollte man sich nicht einer Sünde schuldig machen.

Thomas von Aquin und das Recht der Natur Erst später, als Thomas von Aquin (1225–1274) und seine Anhänger an Einfluss gewannen, wurde die Einstellung gegenüber der Sexualität etwas gelockert. Die Grundlage seiner Sexualphilosophie nimmt ihren Ausgangspunkt in der von Gott eingesetzten ›Natur‹, und dieses Naturrecht in diesem Sinne erlaubte in bezug auf Geschlechtlichkeit und Sexualität nur die Zeugung von Kindern. Daher war jede sexuelle Handlung, die nicht diesem Ziel diente, ›widernatürlich‹, das heißt gegen den Willen Gottes gerichtet und damit sündig. Andererseits konnte Thomas in der einzig richtigen sexuellen Handlung, dem ehelichen Koitus, nicht mehr jene Probleme entdecken, die von Augustinus noch als ungezügelte Fleischeslust angeprangert worden waren. Dieser Kirchendoktrin folgte spätestens im ausgehenden Mittelalter auch die weltliche Rechtsprechung.

Peinliche Gerichtsordnung Kaiser Karls V. Nach Artikel 116 der *Peinlichen Gerichtsordnung* Kaiser Karls V. aus dem Jahre 1532, die bis Mitte des 18. Jahrhunderts als eine Grundlage für die Rechtsprechung diente, waren homosexuelle Handlungen von Männern und Frauen und sexueller Umgang mit Tieren als Verbrechen wider die Natur mit dem Feuertod zu bestrafen:

> Straff der vnkeusch, so wider die natur beschicht
> 116. Item so eyn mensch mit eynem vihe, mann mit mann, weib mit weib, vnkeusch treiben, die haben auch das leben verwürckt [verwirkt], vnd man soll sie der gemeynen [üblichen] gewonheyt nach mit dem fewer [Feuer] vom leben zum todt richten.

Die gleiche Bestrafung war für heterosexuellen Analverkehr vorgesehen. Weiter wurden Masturbation und sexuelle Handlungen mit Fetischen zumindest mit Landesverweis oder schwerem Kerker bestraft. Ohne Zweifel haben diese Gesetzesverordnungen letztendlich eine zunehmend ausgeweitete Definition des Sexualstrafbestandes der Sodomie befördert, der schließlich als übergreifende Bezeichnung für alle möglichen außerehelichen sexuellen Verfehlungen eingesetzt wurde.

Nur sehr zögerlich begannen in der Folgezeit die Gerichte, von den Bestimmungen der *Carolina* abzuweichen.

In den beiden größten Ländern, in Österreich und Preußen, wurde die Todesstrafe für Sodomie erst im Übergang zum 19. Jahrhundert abgeschafft. Die Sanktionen, welche die Hinrichtungen ersetzten, zum Beispiel Zwangsarbeiten, konnten jedoch ebenfalls äußerst hart sein. Tatsächlich wurde nur noch Analverkehr mit »Immissio seminis« (also dem tatsächlichen Samenerguss) als vollendete Tat angesehen und mit dem Tode, gegenseitige Masturbation dagegen weniger hart bestraft.

Reformation, Gegenreformation und weltliches Recht

Das Beharren auf sexuelle Anpassung an die Vorgaben der Natur, wie sie bei Thomas von Aquin zum Ausdruck kam, ist noch bis zum heutigen Tage für die katholische Glaubenslehre von zentraler Bedeutung. Sexuelle Selbstbefriedigung, nichteheliche heterosexueller Geschlechtsverkehr, homosexueller Geschlechtsverkehr und sexueller Kontakt mit Tieren werden von der Kirche nach wie vor als unnatürlich und sündig angesehen. Künstliche Befruchtung, Sterilisation, Schwangerschaftsabbruch und die meisten Arten von Verhütungsmitteln werden ebenfalls abgelehnt – selbst die Benutzung von Kondomen, und dies angesichts der Gefahren durch AIDS. Die kirchenrechtlichen Grundlagen für die ausschließliche Beschränkung sexueller Beziehungen auf die Ehe wurden in der katholischen Eherechtsreform im Rahmen der Gegenreformation nach dem Ende des Trienter Konzils (1563) niedergelegt, in der zugleich alle nichtkirchlichen Konsensehen für nichtig erklärt wurden.

Syphilis Es war zugleich die Zeit, als die Syphilis epidemische Ausmaße annahm und damit weitere Begründungen für staatliche Restriktionen lieferte. Syphilis war und ist eine durch Geschlechtsverkehr übertragbare Krankheit, die – weil es damals im Unterschied zu heute keine Behandlungsmöglichkeiten etwa mit Antibiotika gab – tödlich endete. Typisch war und ist ein Beginn der Krankheit mit Schleimhautgeschwüren und Lymphknotenschwellungen. Später zeigt sich bei den Betroffenen Organzerstörung und auffälliger Hautbefall, was heute wegen guter Behandlungsmöglichkeiten eher selten vorkommt. Im Endstadium folgt die Zerstörung des zentralen Nervensystems, die zum Tod führt. Vieles, was bisher vertrauter Umgang war, wurde nun als Ekel erregend und gesundheitsschädlich abgelehnt. Der Namensgeber der Seuche, der italienische Philosoph und Dichter Girolamo Fracastoro, beschrieb die Krankheit in seinem berühmten Lehrgedicht *Syphilis sive morbus Gallicus* (III,327–332) von 1530 wie folgt:

> Als erster weist Syphilus, der dem König gottesdienstliche Schlachtopfer auf geweihten Altären in den Bergen einrichtete, am ganzen Körper hässlichen Schorf auf. Er als erster empfand die schlaflosen Nächte, die vom Schmerz gepeinigten Glieder. Von diesem ersten Opfer bezog die Krankheit ihren Namen, Syphilis nannten sie nach ihm die Bauern.

In diesem Gedicht wird die Geschichte des Schafhirten Syphilus erzählt, der wegen Gotteslästerung mit einer neuen Krankheit, der Syphilis, bestraft wurde. Der Name Syphilus ist die latinisierte Form des altgriechischen Namens Σύφιλος (Sýphilos), welcher mit »Schweine liebend« übersetzt werden kann (σύς [sŷs] ›Schwein‹, φιλεῖν [philéin] ›lieben‹). Den Namen Syphilus hat Fracastoro vermutlich der antiken Mythologie entlehnt. Bei Ovid heißt der zweite Sohn der Niobe Sipylus. Warum nun Fracastoro genau diesen Namen auswählte, ist jedoch unbekannt.

Aufklärung und beginnender Einfluss der Wissenschaft

Durch die Aufklärungsbewegung veränderten sich allmählich die Einstellungen zum Menschen und damit auch zu seiner Sexualität selbst. Das Recht jedes Menschen auf Leben, die Verteidigung der Menschenwürde sowie die Feststellung der von Natur aus bestehenden Gleichheit aller Menschen bildeten eine der Grundlagen aufklärerischer Tendenzen, die sich schließlich mit der Französischen Revolution 1789 durchsetzen sollten. Sie umfassten eine deutliche Kritik des Irrationalismus, des Aberglaubens und der gottbezogenen Weltanschauung des Mittelalters. Dessen ungeachtet wetterte z. B. Simon-André-David Tissot in seiner Abhandlung *Von der Onanie* über die verwerfliche und mit Todesgefahren verbundene Sünde der Selbstbefriedigung:

Der Bau unsrer Maschine, und überhaupt aller thierischen Maschinen, bringt es so mit sich, daß, wenn die Nahrungsmittel denjenigen Grad der Zuberreitung erhalten sollen, der zum Ersatz des Abgangs an unsern Körpern nöthig ist, eine gewisse Menge solcher Säfte, die bereits ausgearbeitet, und, so zu sagen naturalisirt sind, vorräthig bleiben muß. Wo dieses nicht geschieht, da bleibt die Verdauung und Kochung der Nahrungs-

mittel unvollkommen, und zwar um desto mehr, je ausgebreiteter die ermangelnde Feuchtigkeit, und je edler sie in ihrer Art ist. […]
Wenn die gefährlichen Folgen des allzuhäufigen Verlusts dieses Saftes blos von seiner Menge abhiengen, oder wenn sie, bey gleicher Menge desselben, einerley wären, so würde, wenn wir die Sache physisch betrachten, wenig daran gelegen seyn, ob die Ausleerung auf diese, oder eine andere von den hier angezeigten Arten geschähe. Allein, hier kömmt die Figur und Stellung, in der der Saame verschüttet wird, eben so sehr in Betrachtung, als die Menge des Vorraths, der dabey verloren geht. (Man erlaube mir diesen Ausdruck; mein Vorwurf berechtigt mich zu Freyheiten dieser Art.) Eine allzubeträchtliche Menge Saamens, die auf natürliche Art verloren geht, zieht sehr verdrießliche Uebel nach sich; aber diese Uebel sind noch weit ärger, wenn eben dieselbe Menge durch widernatürliche Mittel ausgeleeret wird. Diese Zufälle, welche diejenigen erfahren, die sich in einer natürlichen Beywohnung erschöpfen, sind schrecklich; aber die Zufälle, die auf die Selbstbefleckung folgen, sind weit schrecklicher.

Und selbst Denis Diderot (1713–1784), einer der wichtigsten Aufklärer, ließ sich von diesen Lehren beeindrucken. Zwar heißt es in seinem *Gespräch zwischen d'Alembert und Diderot* noch freigeistig:

Würde Cato, der einem Jüngling in dem Augenblick, da dieser das Haus einer Buhlerin betreten wollte, zurief: »Mut, mein Sohn…«, ihm heute nur noch dieselben

Worte zurufen? Würde er nicht vielmehr, wenn er ihn allein auf frischer Tat [bei der Selbstbefriedigung] ertappte, sofort hinzufügen: das ist besser, als das Weib des Nächsten zu verführen oder seine Ehre und seine Gesundheit aufs Spiel zu setzen? ... Ach was! Weil mir die Umstände das größte Glück nehmen, das man sich vorstellen kann, nämlich das Glück, meine Sinnlichkeit mit der Sinnlichkeit, meine Trunkenheit mit der Trunkenheit, meine Seele mit der Seele einer Gefährtin meiner Wahl zu vereinigen und mich in ihr und mit ihr fortzupflanzen, und weil ich meine Handlungsweise nicht durch den Nutzen heiligen kann, deshalb soll ich mir einen notwendigen und köstlichen Augenblick versagen? Bei Vollblütigkeit läßt man sich einen Aderlaß machen. Was liegt an der Beschaffenheit des überflüssigen Saftes, an seiner Farbe und an der Weise, durch die man sich von ihm befreit? In einem Fall des Unbehagens ist er genauso überflüssig wie in dem anderen. Und wenn man ihn aus seinen Behältern herauspumpte, in der ganzen Maschine verteilte und auf einem anderen, längeren, schwierigeren und gefährlicheren Weg ausschiede, wäre er dann nicht auch verloren? Die Natur duldet nichts Unnützes. Warum sollte ich schuldig sein, wenn ich nachhelfe, sobald sie mich durch die unzweideutigsten Symptome zur Hilfe ruft? Wir wollen die Natur niemals herausfordern, ihr aber nötigenfalls Hilfe leisten. In der Entsagung und Untätigkeit sehe ich nur Torheit und versäumtes Vergnügen. Leben Sie enthaltsam, wird man mir sagen; arbeiten Sie sich müde. Oh, ich verstehe: ich soll mich um ein Vergnügen bringen, soll mir Mühe geben, ein fremdes Vergnügen auszuschließen. Fein ausgedacht!

Doch in seinem einflussreichen Artikel aus der berühmten *Encyclopédie* bzw. im dortigen Abschnitt schloss er sich Tissots Kreuzzug an:

> Trotz dieser weisen Vorkehrungen der Natur hat man gesehen, wie sich in den ältesten Zeiten durch Trägheit und Müßiggang eine schändliche Gewohnheit verbreitet und die Vorherrschaft gewinnt, die schließlich durch die Furcht vor dem schleichenden und ansteckenden Gift, das durch den natürlichen geschlechtlichen Umgang in den liebreichsten Augenblicken übertragen wird, vervielfältigt und immer mehr bestärkt wurde. Mann und Frau zerrissen die Bande der Gesellschaft, und die beiden gleichermaßen schuldigen Geschlechter versuchten, die Lust, die sie sich gegenseitig versagten, nachzuahmen, und benutzten dazu als Werkzeuge ihre verbrecherischen Hände. Da sich so jeder selbst genügte, konnten sie aufeinander verzichten. Diese erzwungene Lust, schwacher Abglanz der ursprünglichen, ist nun zu einer um so verderblicheren Leidenschaft geworden, als sie wegen der Bequemlichkeit, sie zu befriedigen, immer öfter ihre Wirkung tat. Wir betrachten sie hier nur als Arzt und als Ursache einer Unzahl sehr schwerer, meistens tödlicher Krankheiten.

Andererseits: Die Bücher des Giacomo Casanova (1725–1798) und des Marquis de Sade (1740–1814) mit ihren Beschreibungen sexueller Freuden und Freizügigkeiten (und Quälereien) waren nicht nur zum Teil politisch motivierte Schriften. Die alltägliche Realität dürfte bereits damals kaum mehr den gängigen politischen und religiösen Vorschriften entsprochen haben.

Grundlegende Reformen der Strafrechtslehren Dieser Wandel zog eine grundlegende Reformation der Strafrechtslehren nach sich. Im Revolutionsstrafrecht und im französischen Code Pénal, der diesem im Jahr 1810 folgte, wurden – und dies ganz im Unterschied zu anderen Ländern: auf überraschend radikale Weise – die Masturbation, homosexuelles Verhalten, sexueller Kontakt mit Tieren und außereheliche sexuelle Beziehungen für straflos erklärt. Und sie blieben es in Frankreich bis in die Gegenwart hinein. Zeitweilig war sogar das Mindestalter für sexuelle Beziehungen auf das 12. Lebensjahr gesenkt worden. Diese Veränderungen sind wesentlich Einflüssen zu danken, die von Seiten der Wissenschaft, namentlich der Mediziner, an die Politik herangetragen wurden.

Die Anfänge der Psychiatrie Im 18. Jahrhundert sahen sich die Staatsverwaltungen angesichts einer zunehmenden Überfüllung der Zuchthäuser und infolge der Kritik einiger aufgeschlossener Wissenschaftler mit dem Problem konfrontiert, einige eigentlich schwer voneinander unterscheidbare Personengruppen zu differenzieren, die insbesondere von Seiten der ersten Psychiater nicht weiter als Verbrecher eingestuft wurden. Der seinerzeit beginnende Auf- und Ausbau psychiatrischer Kliniken gehorchte zwar einerseits sozialpolitischen Erfordernissen. Andererseits entsprach er zugleich einer Aufgabe, der sich die ersten engagierten Psychiater ernsthaft zu stellen versuchten, nämlich nach nachvollziehbaren Kriterien die Schuldigen von den Kranken zu trennen.

Angedeutet hatte sich dieser Perspektivwechsel in der Medizin schon seit einiger Zeit. Aber erst mit der beginnenden Aufklärung wurden jene Mediziner gehört, die vormals als ›Besessene‹ bezeichnete Menschen zu Patienten erklärten und sie damit vor kirchlicher wie strafrechtlicher Verfolgung schützten. Aufgeklärte Psychiater wie Philippe Pinel (1745–1826) in Frankreich, Vincenzo Chiarugi (1759–1820) in Italien, Johann Gottfried Langermann (1768–1832) in Deutschland und Benjamin Rush (1746–1813) in den Vereinigten Staaten reformierten die Asyle und befreiten die Insassen von Ketten. Sie richteten Kliniken für geistig Verstörte ein und entwickelten humanere Behandlungsformen.

Weltliche Gerichtsbarkeit

Ganz im Unterschied zu Frankreich verblieb die Gesetzgebung in anderen europäischen Staaten wie zugleich in den meisten Staaten der USA mit Blick auf Sexualstrafbestände mehr oder weniger restriktiv. So finden sich im Allgemeinen Preußischen Landrecht von 1794 und im österreichischen Strafgesetz von 1803 zahlreiche Strafbestimmungen gegen »widernatürliche Unzucht« mit zum Teil empfindlichen Zuchthausstrafen. Allein das bayerische Strafgesetz von 1813 sah Straflosigkeit im Sinne des französischen Rechts selbst dann vor, wenn »widernatürliche Unzucht« zwar die Gesetze der Moral überschreite, nicht jedoch die Rechte Dritter verletze. Auch die Königreiche Württemberg und Hannover sowie die Herzogtümer Braunschweig und Baden kannten Strafverfolgung nur dann, wenn eine Klage verletzter Personen oder Erregung öffentlichen Ärgernisses vorlag.

Es kam jedoch auch in diesen Landesteilen erneut zu rechtlichen Einschränkungen, als das Reichsstrafgesetz von 1871 wesentliche Teile der preußischen Rechtsgrundlagen übernahm. In reichseinheitlicher Geltung dieses Gesetzes standen sexuelle Kontakte zwischen Männern und mit Tieren erneut unter Strafe. Seit seiner Verabschiedung hat dieses Gesetz mit seinen sexualstrafrechtlichen Anteilen bis zur großen Reform 1969 und 1973 nur wenig Änderung erfahren. Lediglich im Jahre 1935 kam es unter der nationalsozialistischen Herrschaft nochmals zu einer erheblichen Verschärfung in der Beurteilung homosexuellen Verhaltens unter Männern, die bis 1969 ihre Gültigkeit behalten sollte.

Kapitel 2
Das Zeitalter der Sexualität

Rückblickend darf natürlich nicht ausgeklammert bleiben, dass die Mediziner, die sich in der Zeit der Aufklärung mutig der schwierigen Aufgabe stellten, aus karitativen und fürsorglichen Erwägungen Kranke von Kriminellen zu trennen, an der Fortdauer der Verfolgung und harten Bestrafung Homosexueller und anderer Menschen mit sexuellen Deviationen maßgeblich beteiligt waren – auch wenn viele von ihnen die sich später im Dritten Reich zeigenden Konsequenzen ihres Handelns nicht angestrebt hatten und auch nicht gut voraussehen konnten. Ganz im Unterschied zu anderen psychischen Erscheinungen des sogenannten ›Irreseins‹ fiel es den staatlich inzwischen etablierten Medizinern bei den sexuellen Abweichungen besonders schwer, sich von den Vorstellungen der Kirche und damit von den in der Gesellschaft maßgeblichen zu lösen – zu plausibel erschien offensichtlich die kirchliche Naturrechtsideologie der Zeugung als der einzig akzeptierbaren Funktion sexuellen Begehrens.

Der Kreuzzug gegen die Masturbation

Dass sich die Psychiater der ersten Stunde jedoch die Masturbation als eine der »bedrohlichsten Krankheiten mit Behandlungswert« aussuchten (beginnend mit der Buchpublikation *Onania* des Schweizer Arztes Simon-André-David Tissot bereits im Jahr 1774), ist aus heutiger Warte nur sehr schwer verständlich. Denn im Mittelalter stand gerade die Neigung zur Selbstbefriedigung nie im Mittelpunkt der Verfolgung ›unzüchtigen‹ Treibens. Erst Anfang des 18. Jahrhunderts wurde sie als bisher viel zu wenig beachtete Form unnatürlicher Sexualität ausdrücklich in den Mittelpunkt gerückt. Vielleicht kann man sich diesen Aufschwung am besten damit erklären, dass Wissenschaftler immer dann schnell weite Bekanntheit erlangen konnten, wenn sie gesellschaftlich aktuell diskutierten Fragen neue Impulse zu geben vermochten.

Die Schrecken der Onanie 1710 erschien in England das anonym verfasste Pamphlet *Onanie, oder die abscheuliche Sünde der Selbstbefleckung und alle ihre schrecklichen Folgen für beide Geschlechter, betrachtet mit Ratschlägen für Körper und Geist*. Es stammt vermutlich von einem ehemaligen Pfarrer Bekker, über dessen Leben nur überliefert ist, dass er sich mit Quacksalberei und Wunderheilungen sein Geld verdiente. Bei der Schrift handelte es sich um eine Aktualisierung und Neuauslegung alter Theorien vom vergeudeten Samen. Bekker benannte die Selbstbefriedigung nach Onan, von dem die Bibel erzählt, dass er von Gott bestraft wird, weil er sich weigerte, die Witwe seines Bruders zu schwängern. Er vollführte zwar den Koitus, verhinderte aber die Schwangerschaft, indem er »seinen Samen zur Erde fallen ließ« (1. Mose 38,8–10). Im strengen Sinne handelte es sich hier also gar nicht um Selbstbefriedigung.

Vor allem wegen der enormen Verbreitung und Popularisierung dieser auch in verschiedene Sprachen übersetzten Schrift wurde die Masturbation alsbald und überall in Europa diskutiert und angeprangert. Es war also nur eine

Frage der Zeit, bis sich die Mediziner mit den unterstellten gesundheitsschädigenden Folgen der Selbstbefriedigung auseinandersetzen mussten: 1758 war es dann so weit. Unter dem Titel *Onanismus – oder Abhandlung über die Krankheiten, die von der Selbstbefleckung herrühren* veröffentlichte der angesehene Schweizer Arzt Samuel Auguste Tissot (1728–1797) ein Buch mit spektakulärem Erfolg. Ursprünglich als *Onania* in Latein verfasst, erschien es bereits zwei Jahre später in französischer Sprache, bevor es seinen Siegeszug in der ganzen westlichen Welt antreten sollte (die deutsche Ausgabe erschien 1774). Nach Tissots Auffassung war die Masturbation nicht nur eine Sünde und ein Verbrechen. Viel gefährlicher sei, dass sie schreckliche Krankheiten wie Schwindsucht, Minderung der Sehkraft, Störungen der Verdauung, Impotenz und Wahnsinn verursachen könne.

Die Psychiatrie Innerhalb weniger Jahre wurde Tissot als Autorität auf diesem Gebiet anerkannt und als Wohltäter der Menschheit gelobt. Rückfragen der Ärzte bei Patienten, ob diese sich selbst befriedigten, schienen nämlich die Sicht der Verursachung vielfältiger körperlicher und geistiger Krankheiten durch Onanie immer wieder zu bestätigen. Zu Beginn des 19. Jahrhunderts jedenfalls begannen die Ärzte der gesamten westlichen Welt, die Wurzeln fast aller körperlichen und seelischen Erkrankungen in der Masturbation zu sehen.

Benjamin Rush (1745–1813), der Vater der amerikanischen Psychiatrie, vermutete 1812 in seinem Lehrbuch *Medical inquiries and observations upon the diseases of the mind* in ihr nicht nur die Ursache der schweren Formen des Wahnsinns, sondern mahnte die Ärzte, auch noch bei folgenden Krankheiten unbedingt an die Selbstbefriedigung als mögliche Quelle allen Übels zu denken: bei Samenschwäche, Impotenz, Schmerzen beim Wasserlassen, Rückenmarkschwindsucht, Lungenschwindsucht, Verdauungsstörungen, Sehschwäche, Schwindelgefühlen, Epilepsie, Hypochondrie, Gedächtnisschwund, Verblödung und plötzlichem Tod. Und ein halbes Jahrhundert später, 1867, fügte Henry Maudsley (1835–1918), der größte britische Psychiater und Gerichtsmediziner seiner Zeit, noch hinzu, dass der sogenannte Masturbationswahnsinn durch eine besondere Perversion der Gefühle charakterisierbar sei, die in frühen Stadien zu einer entsprechenden Verwirrung des Geistes führt. Später, wenn der Selbstbefriedigung kein Einhalt geboten wird, sind ein Versagen der Intelligenz, nächtliche Halluzinationen, mörderische und selbstmörderische Neigungen beobachtbar. Ab dieser Zeit wurde auch der von Maudsley benutzte Begriff »Perversion« – und zwar weltweit – für sexuelle Abweichungen zunehmend beliebter.

Fürderhin galt die Masturbation im fortgeschrittenen Stadium als unheilbar. Die einzige Kunst der Medizin bestand in dem Versuch, das Leiden zu verhüten oder früh zu entdecken. Eltern wurden angewiesen, ihren Kindern die Hände am Bett festzubinden oder ihnen für die Nachtruhe Fausthandschuhe überzuziehen. Bandagen und Keuschheitsgürtel sollten das Berühren der Geschlechtsorgane verhindern. Es wurden vielfältige ausgeklügelte Vorrichtungen entwickelt und verkauft, die Menschen davor schützen sollten, sich selbst zu beflecken. Und wenn alles nicht half, wurden chirurgische Eingriffe empfohlen, wie zum Beispiel das Einsetzen eines Metallringes zur Verhinderung der Erektion (*Infibulation*) oder das Herausschneiden der Klitoris bei Frauen. Gelegentlich wurde sogar versucht, die Geschlechtsorgane mittels Durchtrennung oder Verätzung von Nerven gefühllos zu machen.

Langer Abschied von einer Chimäre Heute steht natürlich außer Frage, dass der Kampf gegen die vermeintlich das menschliche Dasein ernsthaft bedrohende Masturbation als eines jener dunkleren Kapitel in der Geschichte ärztlicher Kunst anzusehen ist, das der Psychiatrie als neuer Wissenschaft innerhalb der Medizin wie zugleich in der Gesellschaft mit zum Durchbruch und zur Anerkennung verhalf. Erst beginnend mit der Wende zum 20. Jahrhundert lässt sich beobachten, dass sich die starre Haltung gegenüber der Masturbation abschwächte. Dieser Prozess vollzog sich ganz allmählich, und zwar in dem Maße, wie in der Psychiatrie Erkenntnisse über die Ursachen körperlicher und geistiger Leiden zunehmend auf eine empirische Grundlage gestellt werden konnten.

Es sollte jedoch noch bis zur Mitte des 20. Jahrhunderts dauern, bis sich allgemein die Ansicht durchsetzte, dass Masturbation keinerlei körperlichen oder geistigen Schaden verursacht. Spätestens seit Alfred Kinsey (1894–1956) und seine Mitarbeiter in den 1950er Jahren das Sexualverhalten von Mann und Frau in breit angelegten Befragungen aufzuklären versuchten, war es nicht mehr zu bestreiten: Nur sehr wenige Menschen masturbieren nie oder selten, viele jedoch über Jahrzehnte hinweg, zahlreiche mehrmals täglich, einige immer wieder einmal das gesamte Leben hindurch. Und bei keiner dieser vielfältigen Möglichkeiten ließen sich bis heute irgendwelche Zusammenhänge mit psychischen Störungen dingfest machen.

Vielleicht wäre alles auch etwas anders verlaufen, wenn sich die Mediziner bereits im 19. Jahrhundert auf ihre normalerweise als bedeutsam angesehenen medizin-historischen Wurzeln besonnen hätten. Schon die Ärzte im antiken Griechenland und Rom hatten – übrigens ebenfalls aufgrund sorgsamer Befragungen und wegen guter Erfahrungen – ihren Patienten regelmäßige Samenergüsse zur körperlichen Ertüchtigung und geistigen Gesunderhaltung empfohlen, ohne dass damals auch nur ein einziger Arzt an ungünstige Nebenwirkungen der Masturbation gedacht oder schädigende Folgen prophezeit hätte.

Psychiatrischer »Garten der Lüste« und die sexuelle Entartung

Für die Etablierung der Psychiatrie als eigenständige wissenschaftliche Disziplin innerhalb der Medizin war es natürlich unverzichtbar, psychische Abweichungen und Auffälligkeiten etwa in der Abgrenzung zur Kriminalität möglichst genau zu definieren. Zugleich galt es, die körperlichen Ursachen seelischen Leidens zu finden, da nur sie eine Behandlung psychischer Störungen als echte Krankheit rechtfertigten. Und aus genau den gleichen Gründen war es notwendig, eindeutige Grenzziehungen zur Normalität vorzunehmen. Einer der ersten Versuche dieser Art stammt von Jean-Etienne Esquirol (1772–1840), der mit seiner Lehre von den Monomanien (früher häufig benutzte Bezeichnung für auf einzelne Aspekte bezogene Wahnvorstellungen) zu Beginn des 19. Jahrhunderts versuchte, einige Delikttypen in den Bereich psychiatrischer Beurteilung und Behandlung einzubeziehen. Neben einigen seiner Kategorien, die wie Pyromanie (Zwang, Feuer zu legen) und Kleptomanie (Zwang zu stehlen) auch noch in den heutigen Diagnosesystemen der Psychiatrie zu finden sind, gab es bei ihm die Bezeichnung »Erotomanie« für exzessives unzüchtig-sexuelles Verlangen.

Psychopathia Sexualis Eine erste weiterreichende Differenzierung sexueller Erotomanien wurde bereits kurze Zeit darauf vom Arzt Heinrich Kaan in einem Buch mit dem Titel *Psychopathia Sexualis* (1843) vorgelegt. Nach seiner Auffassung litten nahezu alle Menschen unter einer sogenannten »phantasia morbosa«, einem krankhaften sinnlichen Phantasieleben, das sie insbesondere für sexuelle Exzesse anfällig machte. Kaan bot als Erster eine Liste »sexueller Aberrationen« bzw. Abirrungen an, zum Beispiel die Knabenliebe, gegenseitige homosexuelle Masturbation, Leichenschändung, Koitus mit Tieren und sexueller Kontakt mit Gegenständen. Seine Abhandlung hatte einen erheblichen Einfluss und beflügelte die Psychiater, immer neue und weiter gefasste Listen sexueller Deviationen oder Abweichungen zu entwickeln. Einer der Höhepunkte in diesem Reigen war die Buchpublikation des Wiener Psychiaters Richard von Krafft-Ebing (1840–1902) aus dem Jahr 1886, dessen berühmte und weltweit viele Male neu aufgelegte Studie über »die Verirrungen des Sexuallebens« auch Kaans Buchtitel *Psychopathia Sexualis* programmatisch übernahm.

Die noch junge Psychiatrie stand natürlich zum Zeitpunkt ihrer Etablierung nicht außerhalb der gesellschaftlichen und kulturellen Einflüsse und Zwänge ihrer Zeit. Trotz der durch sich selbst und zunehmend von außen auferlegten Verpflichtung zum Zurückdrängen mittelalterlicher mythologischer und moralischer Vorstellungen über Normalität und Abweichung war es den Psychiatern kaum möglich, sich mit der Definition und Klassifikation sogenannter seelischer Krankheiten gänzlich außerhalb gesellschaftlich-kultureller Vorstellungen zu bewegen. Vielleicht wird auf diese Weise verständlich, weshalb sie in ihrem Bemühen um Einordnung und Systematisierung neuer Krankheitsbilder auf bestehende moralische wie vor allem auch auf rechtliche Voraussetzungen aufbauen mussten.

Was dabei die ›sexuellen Abweichungen‹ anging, so wurde im ersten Jahrhundert der Psychiatriegeschichte die von seriösen Theologen wie Philosophen nach wie vor vertretene Sexualdoktrin als Orientierungsrahmen gewählt. Und diese sah nach wie vor ein Beharren auf sexueller Anpassung an die Natur vor und von jeder Form nicht-reproduktiven Sexualverhaltens ab. Sexualität war gesellschaftlich nur als heterosexueller Geschlechtsverkehr zwischen Menschen toleriert, wenn dieser zum richtigen Zweck (dem der Fortpflanzung), mit der richtigen Person (dem Ehepartner) und in der richtigen Weise (durch Koitus) erfolgte. Alle anderen Formen der Sexualität brachten die Gefahr der Abweichung vom Gewohnten mit sich und mussten fortan sorgfältig auf einen möglichen Krankheitswert hin untersucht werden, damit sie nach Absicherung der Krankheitsdiagnose psychiatrisch behandelt werden konnten.

Die Vervielfältigung der Perversionen Die im Zuge dieses Bemühens um Einordnung und Klassifikation beobachtbare »Vervielfältigung« sexuell abweichender Ausdrucksformen reichte schon bald weit über viele Möglichkeiten hinaus, wie sie Hieronymus Bosch (1450–1516) in seinen mystisch-abenteuerlich anmutenden Gemälden darzustellen versuchte, wie z. B. 1506 im *Garten der Lüste* (das heute jedoch eher als paradiesische Utopie denn als Darstellung sexueller Aberrationen gedeutet wird). Auf jeden Fall erklärten die Psychiater noch zu Beginn des 20. Jahrhunderts fast alles das, was vom korrekten Koitus abwich, als potenziellen Hinweis auf eine offen oder latent wirkende psychische Krankheit. Dabei versuchte man, neu geprägte Fachausdrücke einzusetzen, die dem Ganzen eine Aura wissenschaftlicher Objektivität gaben.

Schon bald entwickelte sich die Hypothese, dass Perversionen unterschiedlichster Art sogar noch an Krankheitswert zunahmen, wenn sie kombiniert auftraten. Auch die These, dass es sich bei allen diesen Phänomenen um potenzielle Krankheiten handelte, wurde seit Mitte des 19. Jahrhunderts zunehmend deutlicher vertreten. Insbesondere die Gefahr, dass einige Personen mit ihren sexuellen Handlungen eindeutige kriminelle Handlungen vollziehen, indem sie die Freiheitsrechte anderer einschränken oder sogar zur Gewalt greifen, führte zunehmend zur Problematik der terminologischen Verquickung mit gesellschaftlichen Wertungen und damit eher noch zur Festigung der sozialen Ausgrenzung von Personen mit abweichender Sexualität. Davon betroffen war und ist insbesondere die Begriffsetzung »Perversion«, die bis in die Gegenwart hinein von psychoanalytischen Autoren bevorzugt wurde. Auch wenn sich Wissenschaftler immer wieder bemühten, die Neutralität dieser Bezeichnung zu betonen, wird sie im allgemeinen Sprachgebrauch schon lange Zeit als Negativbezeichnung für alle möglichen Formen der Abartigkeit eingesetzt.

Degeneration und Entartung

Vorbereitet und befördert wurde dies entscheidend durch die Einführung der Degenerationslehren in die französische Psychiatrie, etwa 1857 durch Bénédict-Augustin Morel (1809–1873). Auch diese Perspektive ist noch eindeutig religiösen Vorstellungen verhaftet. Der Arzt Morel hatte theologische Studien betrieben und gelangte daraufhin zu der Auffassung, dass fortschreitende ›Degeneration‹ oder ›Entartung‹ als Ursache vieler körperlicher und geistiger Gebrechen angesehen werden musste. Da der Mensch seit den frühen Phasen der Menschheitsgeschichte periodisch ungünstigen inneren und äußeren Einflüssen ausgesetzt gewesen sei, so Morel, gab es immer wieder unvollkommene Menschenrassen und viele sogenannte Entartungen. Gewohnheitsmäßige Dissozialität und Kriminalität konnten entsprechend dieser Auffassung durch schädigende Umwelteinflüsse entstehen. Sie würden nach erfolgter Gewohnheitsbildung jedoch durch Vererbung weitergegeben. Der Schweregrad der Störung sollte schließlich sogar von Generation zu Generation bis zum Aussterben der Menschheit überhaupt zunehmen. Es galt, einer solchen Entartung (einschließlich der sexuellen Degeneration) möglichst frühzeitig entgegenzuwirken.

Diese Auffassung fand in der Psychiatrie – weltweit – rasche Verbreitung, konnte doch mit ihr auch plausibel die Krankheitshypothese psychischer Störungen begründet werden. Natürlich stehen Morels Überlegungen in enger zeitlicher Verbindung zur pseudo-wissenschaftlichen Grundlegung eines modernen Rassismus, der sich ebenfalls im 19. Jahrhundert entwickelte. Das in der Folge von den Sozialdarwinisten vertretene Konzept vom sogenannten geborenen Kriminellen (der Begriff »Delinquente nato« wurde durch den italienischen Psychiater Cesare Lombroso [1835–1909] im Jahr 1876 geprägt, als er ihn als Buchtitel verwendete) blieb in Europa und Amerika lange Zeit bestehen und dürfte viel zu den Negativurteilen über psychische Störungen, sexuelle Andersartigkeiten und Persönlichkeitsstörungen beigetragen haben.

Eugenik Die Bezeichnung »Entartung« ließ sich leicht auf ganze soziale und ethnische Gruppen anwenden, die aus welchen Gründen auch immer unbeliebt waren und die man jetzt als biologisch minderwertig abstempeln konnte. Deshalb wurde die Entartungsdebatte auch in der politischen und damit gesellschaftlichen Auseinandersetzung jener Zeit schnell populär. Dies geschah zu einer Zeit, als sich die Psychiatrie selbst bereits anschickte, die Degenerationslehren wieder fallenzulassen und angesichts der absehbaren Negativfolgen in der Gesellschaft sogar aktiv zu bekämpfen.

Staatlicherseits hingegen wurden zunehmend sogenannte eugenische Maßnahmen diskutiert und offizielle Schritte eingeleitet, um die biologische Gesundheit der Bevölkerung zu verbessern, indem man die Fortpflanzung Entarteter verhinderte. Andererseits ging es in der Politik der Degenerationsabwehr darum, dass sich die angeblich höher stehenden Rassen angemessen vermehrten. Rassenstolz, Nationalismus, Militarismus und die wachsende Industrialisierung mit ihrem Bedarf an billigen Arbeitskräften veranlassten viele Regierungen, Bevölkerungswachstum zu fördern und zu lenken. Diese Entwicklung sollte im Dritten Reich ungeahnte Ausmaße annehmen. Dass angesichts dieser Entwicklungen erneut nur die Fortpflanzung als das einzig richtige und rechtlich akzeptierbare Ziel des Geschlechtsverkehrs dargestellt wurde, kann nicht weiter verwundern.

Die Psychopathologisierung der Homosexualität

Der Botaniker August Henschel (1790–1856) hatte als Erster den Begriff »Sexualität« eingeführt, der sich schnell in den unterschiedlichsten Zusammenhängen innerhalb und außerhalb der Wissenschaft durchsetzte. In dem Maße, wie der Kampf gegen die Masturbation allmählich an Intensität verlor, verlagerte sich das Hauptaugenmerk zunehmend auf eine andere Gruppe sexueller Auffälligkeiten, nämlich auf die jetzt als solche bezeichnete Homosexualität.

Bis weit in das 20. Jahrhundert hinein war zwar unter Wissenschaftlern auch noch der Begriff »Inversion« verbreitet, konnte sich gegenüber »Homosexualität« jedoch nicht mehr halten, nachdem letzterer weite Verbreitung gefunden hatte – geprägt 1869 durch den österreichischen Schriftsteller Karl-Maria Benkert (1824–1882), der unter dem Pseudonym Karl-Maria Kertbeny publizierte. Selbst ein Mensch mit gleichgeschlechtlichen Neigungen, war Benkert der Ansicht, dass die Homosexualität nur bei einer kleinen Gruppe von Menschen zu finden sei, die sich grundlegend von den anderen unterscheide. Es dauerte nicht lange, bis für die Nichthomosexuellen das entsprechende Gegenwort »Heterosexualität« die Runde machte. Die halb lateinisch, halb griechisch inspirierten Wortschöpfungen konnten leicht in alle Sprachen übersetzt werden und fanden sich schnell in Europa und Amerika verbreitet.

Die Psychiater folgten in ihrem Interesse, den angeblichen möglichen Krankheitswert der Homosexualität zu begründen, ebenfalls gesellschaftlichen Zwängen, auch wenn sie sich vielerorts mit Händen und Füßen zu wehren versuchten, moralische Wertungen auszusprechen. Der Arzt Alexander Hartwich zum Beispiel versuchte dies in seinem Vorwort zu einer 1937 in der Schweiz herausgegebenen Neuausgabe von Krafft-Ebings *Psychopathia Sexualis* – und zwar in ansonsten hochgradig kritischer Position zu den bereits sichtbaren schrecklichen Entwicklungen im Dritten Reich – folgendermaßen zu begründen:

> Für die weit verbreitete Ansicht, dass die sexuellen Psychopathien auch moralisch zu beurteilen sind, wird u.a. angeführt, dass bei ihnen nicht nur der Arzt, sondern auch der Jurist einzugreifen hätte. Nun, bei einer Cholera oder einer Paralyse ist es auch nicht bloß nötig, den Kranken zu behandeln, die Isolierung – durch den Verwaltungsbeamten – ist bei Cholera ebenso selbstverständlich wie die Entmündigung – durch den Richter – bei Paralyse, und doch wird niemand einfallen, solche arme Kranke auch noch moralisch zu verurteilen. Die sexuellen Psychopathien sind Krankheiten; damit ist, in moralischer Hinsicht, alles gesagt.

Die Festlegung der Homosexualität als Krankheit datiert auf das Jahr 1869 und wird als solche unmittelbar nicht nur Gegenstand der wissenschaftlichen Auseinandersetzung, sondern zugleich auch der politischen Debatten um diese Frage. In diesem Jahr veröffentlicht der Psychiater Carl Westphal (1833–1890) den Aufsatz »Die conträre Sexualempfindung, Symptom eines neuropathischen (psychopathischen) Zustandes«. Auf der Grundlage von nur zwei Fallbeschreibungen versteht er die Homosexualität nicht mehr als etwas Sündhaftes, Verbrecherisches oder als Schuld, sondern als eine angeborene Krankheit, für die Mediziner allein zuständig seien.

Welche negativen Konsequenzen sich allein schon mit einer moralischen Beschränkung auf die Definition sexueller Abweichungen als »Krankheit« verbinden sollten, konnte offensichtlich erst zur Zeit weltweiter Psychiatrie- und Klassifikationskritik in den 1960er und 1970er Jahren und nach einem Generationswechsel der führenden Psychiater angemessen nachvollzogen und aufgearbeitet werden.

Die Entdeckung der Bisexualität

Dabei waren aufgeschlossene Ärzte schon um die Wende zum 20. Jahrhundert, insbesondere aber nach dem Ersten Weltkrieg – und vor allem in Berlin – in kontinuierlicher Aufklärungsarbeit darum bemüht, nicht nur der gesetzlichen und gesellschaftlichen Verurteilung homosexueller Menschen, sondern auch ihrer vorschnellen Pathologisierung entgegenzuwirken. An die Spitze dieser Bewegung setzte sich der aus Pommern stammende Arzt Magnus

Hirschfeld (1868–1935). In Reaktion auf die Verurteilung des englischen Schriftstellers Oskar Wilde im Jahre 1895 in London, durch persönliches Erleben und tragische Schicksale unter seinen Patienten war er sich der psychischen und sozialen Probleme Homosexueller bewusst geworden und irritierte in der Erkenntnis, dass deren gesetzliche Verurteilung ungerechtfertigt, irrational und inhuman sei, sogleich eine beispiellose Aufklärungskampagne.

1896 veröffentlichte Hirschfeld unter dem Titel *Sappho und Sokrates* seine Antwort auf die im Untertitel gestellte Frage: »Wie erklärt sich die Liebe der Männer und Frauen zu Personen des eigenen Geschlechts?« 1897 gründete er ein »Wissenschaftlich-humanitäres Komitee« zur Förderung von Untersuchungen zur Homosexualität und begann zwei Jahre später in Vierteljahresheften sein *Jahrbuch für sexuelle Zwischenstufen unter besonderer Berücksichtigung der Homosexualität* herauszugeben. Dort versuchte er mithilfe zahlreicher Mitstreiter bis in die 1920er Jahre hinein, Fachwelt und Öffentlichkeit über alle damit verbundenen Themen aufzuklären. Vorrangig war dabei der Kampf um die Abschaffung der Gesetze gegen homosexuelles Verhalten. Später folgten der erste Versuch der Herausgabe einer *Zeitschrift für Sexualwissenschaft* (1908) und so wichtige Werke wie *Die Transvestiten* (1910, dieser Begriff stammt tatsächlich von Hirschfeld), *Die Homosexualität des Mannes und des Weibes* (1914), *Sexualpathologie* (3 Bde., 1916–1920) und *Geschlechtskunde* (5 Bde., 1926–30).

Hirschfelds größte organisatorische Leistung bestand zweifellos 1919 in der Gründung des weltweit ersten »Instituts für Sexualwissenschaft« am Berliner Tiergarten. Es diente bis zum Machtantritt Hitlers bzw. bis es am 6. Mai 1933 durch nationalsozialistischen Vandalismus geplündert und ausgeraubt wurde, fast 14 Jahre lang zur Sammlung von allem, was geeignet war, die Sexualwissenschaft zu fördern, zur Volksaufklärung auf breitester Front mittels Vorträgen, Schriften aller Art und des damals modernsten Massenmediums, des Films, zur allgemeinen und individuellen Ehe-, Familien- und Sexualberatung, zur Untersuchung, Begutachtung und gerichtlichen Vertretung Einzelner oder ihrer Behandlung in verschiedenen Abteilungen sowie zur Expertenschulung in eigens dazu abgehaltenen Vorlesungen und Übungen. Hirschfelds Pioniergeist ist es auch zu verdanken, dass sein Institut in der deutschen Hauptstadt die erste Einrichtung war, an der dank der wissenschaftlichen Leistungen seines wichtigsten ärztlichen Mitarbeiters Arthur Kronfeld (1886–1941) psychologisches und psychotherapeutisches Denken – insbesondere psychoanalytisches Gedankengut – sexualwissenschaftlich berücksichtigt und systematisch gelehrt wurde.

Sexuelle Zwischenstufen Zur gleichen Zeit, also Anfang des 20. Jahrhunderts, begann das bereits bekannte Phänomen der »Bisexualität« quasi als Wiederentdeckung das Interesse der frühen Sexualwissenschaftler zu wecken – man musste davon ausgehen, dass es sich bei der Homosexualität möglicherweise nicht um eine klar abgrenzbare Entität handelte: Offensichtlich waren auch noch alle möglichen Zwischenstufen sexueller Orientierung von Menschen zu berücksichtigen. Bereits mit der Titelwahl *Jahrbuch für sexuelle Zwischenstufen* hatte man auf diesen Sachverhalt herausfordernd aufmerksam gemacht. Zunehmend häufiger wurde nämlich über Personen berichtet, die sich selbst als heterosexuell bezeichneten, gleichzeitig jedoch über homosexuelle Erfahrungen berichteten – wie auch umgekehrt.

Nur kurze Zeit später, im Jahr 1905, rückte Sigmund Freud (1856–1939) die Bisexualität mit in das Zentrum seiner epochemachenden *Drei Abhandlungen zur Sexualtheorie*. Sie sollten sogar ein Herzstück seiner Vorstellungen zur Entwicklung und Behandlung psychischer Störungen werden. Entsprechend führt er aus: »Es ist übrigens bemerkenswert, dass die Mehrzahl der Autoren, welche die Inversion [Homosexualität] auf Bisexualität zurückführen, dieses Moment nicht allein für die Invertierten, sondern für alle Normalgewordenen zur Geltung bringen, [... dass somit] in jedem Menschen männliche und weibliche Elemente vorhanden sind.« Und weiter: »Die Entscheidung über das endgültige Sexualverhalten fällt erst nach der Pubertät und ist das Ergebnis einer noch nicht übersehbaren Reihe von Faktoren, die teils konstitutioneller, teils aber akzidenteller Natur sind.«

Überhaupt hatte Freud sich nachdrücklich deutlich *dagegen* ausgesprochen, nicht nur die Homosexualität, sondern die Perversionen (die heute als »Paraphilien« bzw. »Störungen der Sexualpräferenz« bezeichnet werden) in ihrer Gesamtheit bedenkenlos als »Geisteskrankheiten« zu klassifizieren: »Bei keinem Gesunden dürfte irgendein pervers zu nennender Zusatz zum normalen Sexualziel fehlen, und diese Allgemeinheit genügt für sich allein, um die Unzweckmäßigkeit einer vorwurfsvollen Verwendung des Namens Perversion darzutun.« Insofern war die Homosexualität für Freud »kein besonderer Vorzug«, andererseits auch »nicht etwas, dessen man sich schämen müsste, auch kein Laster, keine Erniedrigung und kann deshalb auch nicht als Krankheit bezeichnet werden«. Es muss mit Nachdruck unterstrichen werden, dass mit den Definitionen von Freud unzählige sexuelle Akte, die vorher als pervers galten, aus dem Bereich der Devianz und Pathologie in den Bereich der Normalität und der Normalpsychologie verschoben wurden.

Bisexualität vs. Ödipus Leider wurde diese kritische Position Freuds in der Öffentlichkeit wie in Teilen der Fachwelt nicht angemessen rezipiert (und vielleicht sogar lange Zeit absichtsvoll übersehen und überlesen). Viele seiner späteren Nachfolger jedenfalls betrachteten und betrachten nicht die »jedem Menschen innewohnende Bisexualität«, sondern den »Ödipuskomplex« als zentral für die Freud'sche Erklärung psychischer Störungen. Entsprechend dieser Sichtweise setzte seelische Gesundheit offensichtlich eine bereits nach den ersten Lebensjahren ausgebildete *heterosexuell orientierte* Geschlechtsidentität voraus.

Genau dieser Teilaspekt der Abhandlungen zur Sexualtheorie beeinflusste im folgenden das psychiatrische Denken, das bis in die jüngste Vergangenheit in genau diesem Sinn, vorrangig aber an Freud vorbei, psychoanalytisch orientiert bleiben sollte – und zwar prägte er das Denken erheblich, diente der Ödipuskomplex dort nicht nur zur Definition und Einordnung psychischer Störungen, sondern auch zur Klassifikation psychischer Krankheiten in den psychiatrischen Diagnosesystemen. Nach Freuds Tod wurde unter Psychiatern nur mehr darüber gestritten, ob die sogenannte Krankheit Homosexualität als »postödipale Störung« der Geschlechtsorientierung (als Perversion) oder eher als »präödipale frühe Störung« (und damit als Persönlichkeitsstörung) aufgefasst werden sollte.

Hinzu kam, dass bereits zur Zeit Freuds die Ödipus-Konfiguration mit zunehmender Popularisierung der Psychoanalyse auch in den öffentlichen Diskurs hinein wirkte und damit – entgegen der kritischen Position Freuds und einiger seiner Schüler – die damaligen gesellschaftlichen Diskriminierungsprozesse förderte. Heute kann nicht ausgeschlossen werden, dass die popularisierte, angeblich psychoanalytische Ansicht, dass eine psychisch gesunde Entwicklung eine »postödipal sichtbare *heterosexuelle* Orientierung« voraussetzt und sich im Umkehrschluss seelische Abweichung mit homosexuell orientierter Geschlechtsidentität in einen Zusammenhang stellen lässt, zur politischen wie juristischen Verfolgung Homosexueller beigetragen hat. Auch kam hinzu, dass sich die meisten Psychoanalytiker jener Zeit eines öffentlichen politischen Engagements enthielten, abgesehen von Einzelnen, die jedoch in den eigenen Reihen zunehmend geschmäht wurden. Dies gilt beispielsweise für Wilhelm Reich (1897–1957), der sich – obwohl er glaubte, dass die Homosexualität eine frühe Entwicklungsstörung zur Ursache habe – unbeirrt vom drohenden Nationalsozialismus kontinuierlich für eine Gleichberechtigung der Homosexuellen einsetzte und schließlich wegen seines politischen Engagements auf unrühmliche und bedrückende Weise aus der Psychoanalytischen Vereinigung ausgeschlossen wurde.

Biologie als verfehlte Hoffnung Noch bis zum Ende der Weimarer Republik hatten zahlreiche Forscher der noch jungen Sexualwissenschaft in verschiedenen Ländern versucht, die juristische Beurteilung sexueller Handlungen den fortschrittlichen Auffassungen in der französischen Rechtsprechung anzupassen. Auch in der Weimarer Republik führte dies zu verschiedenen parlamentarischen Initiativen und Gesetzesentwürfen: 1921 wurde von Berlin aus der erste »Internationale Kongress für Sexualreform auf wissenschaftlicher Grundlage« organisiert, dem wenige Jahre später die Gründung der »Weltliga für Sexualreform« folgte. Diese Entwicklungen wurden jedoch nach der Machtergreifung durch die Nationalsozialisten 1933 jäh unterbrochen – unmittelbar nach der Machtübernahme wurde das Berliner Sexualinstitut geplündert und zerstört und die wertvollen Buchbestände und Quellen verbrannt.

Aus heutiger Sicht kann man unschwer feststellen, dass viele Sexualwissenschaftler jener Zeit an dieser Entwicklung nicht ganz unbeteiligt waren. Hirschfeld und einige seiner Kollegen waren davon überzeugt, den Kampf um Menschenrechte für Homosexuelle im Rückgriff auf biologische und naturwissenschaftliche Erklärungen führen zu müssen. Dabei konnten sie die Sexualität zwar aus den Zwängen der kirchlichen Moral zu befreien versuchen, indem sie das Wissen über sie mehrten. Sie entthronten den Mythos von der Sexualität als einer Knechtschaft, welche die Menschheit als Folge des Sündenfalls angetreten hatte. Andererseits arbeiteten nicht wenige, einschließlich Hirschfeld, durch ebendiesen Rückgriff auf biologische und naturwissenschaftliche Erklärungsmuster den politischen Entwicklungen zu. Viele waren theoretische Eugeniker und als solche durchaus gewillt, tiefe Eingriffe an der menschlichen Natur zum Zwecke der Heranzüchtung eines angeblich guten Geschlechts, einer gesunden Rasse vorzunehmen. Diese sogenannte Eugenik bildete in den Jahren vor der Machtergreifung den Zielpunkt zahlreicher Publikationen. Mit entsprechenden eugenischen Maßnahmen, so glaubten viele, ließe sich die Vision von einer besseren Gesellschaft realisieren.

Zwar waren viele Sexualwissenschaftler Homosexuelle, Juden und Kommunisten und wurden deshalb verfolgt. Hirschfeld selbst z.B. floh vor den Nationalsozialisten und verstarb 1935 in Frankreich im Exil. Dennoch drängt sich schon seit Jahren in der historischen Aufarbeitung dieser Zeit die Frage auf, ob die Sexualwissenschaft nicht auch deshalb so leicht liquidiert werden konnte, weil sie ihren Dienst als Zuträger in der eugenischen und rassenhygienischen Diskussion erschöpft hatte. Die erbbiologischen und gesundheitspolitischen Ziele konnten von den Nazis schließlich in einem solchen Ausmaß umgesetzt werden, dass eine »wissenschaftliche« Begleitung auf sexualwissenschaftlicher Grundlage entbehrlich wurde.

In den zwölf Jahren von 1933 bis 1945 wurden ungefähr 50 000 Männer wegen homosexueller Vergehen verurteilt, Tausende verschwanden unter dem Zeichen des entsprechenden »Rosa Winkels« – eine Stigmatisierung wie der gelbe Judenstern – in Konzentrations- oder Arbeitslagern. Erst zwei Jahrzehnte nach dem Zusammenbruch, Ende der 1960er Jahre, sollte der politische Kampf der frühen Sexualwissenschaft um die gesellschaftliche Anerkennung der Homosexuellen in Deutschland Früchte tragen: Die Gesetze gegen homosexuelles Verhalten wurden in beiden

Teilen Deutschlands überarbeitet (in der ehemaligen DDR ein Jahr früher als in der Bundesrepublik), und der Verkehr zwischen erwachsenen Homosexuellen wurde nicht länger verfolgt (in der BRD waren mehr Prozesse gegen Homosexuelle geführt worden als zu Zeiten des Dritten Reichs).

Der Kinsey-Report

Bereits kurz nach dem Zweiten Weltkrieg hatten zwei große Studien zum Sexualverhalten der Nordamerikaner weltweit für Aufsehen gesorgt. Im 1947 gegründeten »Institute for Sex Research« (dem heutigen Kinsey-Institute) an der Universität von Indiana hatten sich unter Federführung von Alfred Kinsey (1894–1956) einige Forscher darangemacht, bis 1953 mit 18 000 Amerikanern aller Altersstufen persönliche Interviews über ihre sexuellen Vorlieben durchzuführen. Die Ergebnisse wurden von Kinsey und Mitarbeitern zum *Sexualverhalten des Mannes* (1948) und zum *Sexualverhalten der Frau* (1953) veröffentlicht. Die Daten zeigten eine erstaunliche Vielfalt sexueller Verhaltensformen aller Altersklassen und machten deutlich, dass die Sexualgesetzgebung (nicht nur) in den Vereinigten Staaten bis dahin von falschen Voraussetzungen ausging bzw. vollkommen unrealistisch war.

Die Kinsey-Skala homosexuellen Verhaltens Die mögliche Spannbreite homosexueller, bisexueller und heterosexueller Erfahrungen wurde in diesem Zusammenhang mit einer dimensionierten Skala untersucht, die seither als »Kinsey-Skala« bezeichnet wird. Sie unterscheidet: 0 = ausschließlich heterosexuelles Verhalten; 1=gelegentlich homosexuelles Verhalten; 2=häufiger als gelegentlich homosexuelles Verhalten; 3=hetero- und homosexuelles Verhalten etwa gleich häufig; 4=häufiger als gelegentlich heterosexuelles Verhalten; 5=gelegentlich heterosexuelles Verhalten; 6=ausschließlich homosexuelles Verhalten.

Homosexuelles Verhalten war entsprechend der Befragung mit der Kinsey-Skala weit verbreitet: So zeigen die Statistiken, dass etwa 50% aller Männer und 20% aller Frauen in jener Zeit, bereits bevor sie das mittlere Lebensalter erreichten, in irgendeiner Form sexuelle Erlebnisse mit Partnern des gleichen Geschlechts gehabt hatten. Obwohl die konkreten Ergebnisse in ihrer Ausprägung durch nachfolgende Forschungsarbeiten relativiert wurden, blieb die Hauptaussage dieser Daten unangetastet, dass es nämlich eine außerordentlich große Spannbreite und Vielfalt bisexueller Zwischenstufen möglicher Geschlechtspartnerorientierungen gibt.

Verbreitung bisexueller Erfahrungen

Aus den Befunden des Kinsey-Reports wurde die erstaunlich hohe Zahl jener Personen, die in ihrem Leben offensichtlich *bisexuelle* Erfahrungen machen (je nach Altersstufe bis zu einem Viertel der Frauen und bis zur Hälfte der Männer), nicht sogleich in der Wissenschaft wie öffentlich zur Kenntnis genommen. Damit stand jedoch unzweifelhaft fest, dass eine Einteilung der Menschen in homosexuell versus heterosexuell unsinnig ist. Denn die meisten Personen, die homosexuelle Handlungen in den Interviews angaben, waren nicht ausschließlich »homosexuell«, sondern in irgendeiner Art mehr oder weniger ambisexuell, also gelegentlich oder häufiger sexuellen Beziehungen mit beiden Geschlechtern zugeneigt.

Wie bereits dargelegt, waren dies an und für sich überhaupt keine neuen Erkenntnisse. Lediglich die Begriffe »homosexuell« und »heterosexuell« hatten die Sicht darauf versperrt, dass es eine Variationsbreite unterschiedlichster sexueller Verhaltensweisen und Orientierungen gibt. Jetzt jedoch ließ sich nicht mehr darüber hinweggehen: Die statistisch bedeutsame Zahl bisexuell aktiver Personen ging offensichtlich sogar weit über die Zahl jener hinaus, die ausschließlich homosexuelle Beziehungen pflegten. Ähnliches galt übrigens auch für viele andere sexuelle Gewohnheiten und Vorlieben, die sich im Kinsey-Report aufgelistet finden. Die Natur der Sexualität kennt offensichtlich keine scharfen Einteilungen sexueller Vorlieben, wie dies mit Blick auf die Rechtsprechung oder die Einordnung psychischer Auffälligkeiten in Krankheitsklassen ursprünglich sinnvoll zu sein schien.

Wandel der Homosexualität-Diagnose bis zum Verzicht

Die um Klassifikation und Einordnung psychischer Störungen bemühten Psychiater sahen erneut Handlungsbedarf. Wie sollte weiter verfahren werden? Kann eine Person, die in einem Jahr zwei homosexuelle Erlebnisse hat, aber von 50 heterosexuellen Erlebnissen berichtet, noch als homosexuell bezeichnet werden? Sollte eine andere Person mit nur heterosexuellen Erlebnissen, die sich ansonsten jedoch subjektiv mehr zu dem eigenen als dem anderen Geschlecht hingezogen fühlt, dies aufgrund sozialer Restriktion aber vermeidet, als heterosexuell gelten? Nur sehr zögerlich konnten sich die meisten Psychiater mit dem Gedanken anfreunden, dass es sich bei all dem vielleicht nur um die Widerspiegelung gesellschaftlicher bzw. biologischer »Normalität« handelte.

Kritische Position der Sexualwissenschaft Außerhalb der Psychiatrie wurde die Normalitätsperspektive besonders in den Sozialwissenschaften zur Sprache gebracht. Eine junge Generation von Sexualwissenschaftlern versuchte zunehmend, ihre Disziplin auf eine empirische Grundlage zu stellen und sie vom ideologisch-moralischen Ballast zu befreien. Homosexualität stellte kein besonderes Merkmal bestimmter Personen dar, sondern war ein devianter Status, der ihnen von anderen zugewiesen wurde. »Homosexualität« war ein kirchlich-politisch benutzter Begriff zur Ausgrenzung, mit dem ganz offenkundig *die* zentrale gesellschaftliche Institution, die Familie, gesichert werden sollte. Als solche war »Homosexualität« nur in bestimmten Gesellschaften möglich, die genau in dieser Hinsicht gleichgeschlechtliches Verhalten als problematisch ansahen.

Auf diese Weise wurden viele der in den 1960er und 1970er Jahren Lebenden geprägt. Viele überholte Vorstellungen über sexuelle Devianz und Perversion aus dem 19. Jahrhundert hatten nach wie vor ihre Gültigkeit. Die neue Generation der Sexualwissenschaftler war bemüht, den alten Vorstellungen neue gegenüberzustellen. Bereits damals stand fest, dass psychologische und psychiatrische Therapien der Homosexualität die Lage der Homosexuellen eher verschlechterte als verbesserte.

Langsamer Wandel in der Psychiatrie Die Mühsal der Psychiatrie, sich der Neuorientierung in der Sexualwissenschaft anzuschließen, kann gut an Veränderungen abgelesen werden, die im »Diagnostischen und Statistischen Manual Psychischer Störungen« (dem DSM der American Psychiatric Association) seit den 1950er Jahren nur ganz allmählich vorgenommen wurden: Im ersten DSM von 1952 wird Homosexualität noch unter der Kategorie »Sexuelle Abweichungen« gefasst und den soziopathischen Persönlichkeitsstörungen zugeordnet. Die damals vorherrschende psychiatrische Meinung ging davon aus, dass zwischen der Bevorzugung bzw. Präferenz des Sexualobjekts und der Gewissensstruktur des Einzelnen eine innere, intrinsische Beziehung besteht und homosexuelles Verhalten deswegen mit Schwächen des Über-Ichs einhergeht.

Im DSM-II von 1968 wurde die Homosexualität dann aber schon nicht mehr der Soziopathie (also einer krankhaft-kriminellen Veranlagung) zugeordnet, aber immer noch als seelische Erkrankung und als Beispiel für sexuell abweichendes Verhalten begriffen. Der heterosexuelle Geschlechtsverkehr galt weiterhin als Maßstab für sexuelle Gesundheit. Als sexuelle Abweichungen bezeichnet das DSM-II acht besondere Störungen: Homosexualität steht ganz oben auf der Liste von »Perversionen«, gefolgt vom Fetischismus, der Pädophilie, dem Transvestismus, dem Voyeurismus, dem Sadismus und schließlich dem Masochismus.

Kritik am Krankheitsmodell

Allmählich zeigten aber auch die öffentlichen Diskussionen und Publikationen der Sexualwissenschaftler deutlichere Wirkung. Bereits kurz nach Veröffentlichung des DSM-II wurde Kritik an der Vorstellung geübt, dass die Homosexualität an sich eine Form von Psychopathologie darstelle. Unter den Mitgliedern der American Psychiatric Association (APA) wurde Anfang der 1970er Jahre eine Umfrage durchgeführt, und Mitglieder der Homosexuellenbewegung störten wissenschaftliche Veranstaltungen.

Nach einem Beschluss der APA im Jahre 1972 wurde die Homosexualität aus dem Kanon psychischer Störungen gestrichen. Wohl nur als Kompromiss blieb im DSM-III von 1980 eine Kategorie der »Ich-dystonen [d. h. der ichfremden] Homosexualität« erhalten. Sie war für Individuen gedacht, die ihre sexuelle Erregung durch homosexuelle Reize ablehnen, daran leiden und deren Wunsch es ist, überhaupt oder verstärkt heterosexuell erregt zu werden. In der revidierten Auflage des DSM-III, dem DSM-III-R von 1987, wird schließlich selbst die Ich-dystone Homosexualität als Störung fallen gelassen.

Heftiger Widerstand Die meisten Gegner dieser Veränderungen, die Anfang der 1970er Jahre eingeleitet wurden, hatten sich mit der zu dieser Zeit auch unter Psychiatern weit verbreiteten psychoanalytischen Auffassung identifiziert, dass die Homosexualität eine Fixierung auf einer frühen Stufe der psychosexuellen Entwicklung darstellt und deshalb eindeutig abnorm-pathologisch zu beurteilen ist: »Man finde, ganz einfach gesagt, keine Homosexualität ohne ausgeprägte Charakterstörung«, so der Psychoanalytiker Otto Kernberg noch 1985 – Jahre, nachdem die Homosexualität als psychische Störung offiziell gestrichen worden war. Kernberg stand für eine Untergruppe von Psychiatern und Psychoanalytikern, die bis weit in die 1980er Jahre hinein glaubten, dass die Homosexualität ein besonders typisches Beispiel für die ausgeprägte Form eines nur von dorther verstehbaren »pathologischen Narzissmus« darstelle.

Mit dem Hinweis auf Otto Kernberg sollte an dieser Stelle nicht einseitig die Psychoanalyse kritisiert werden. Zu dieser Zeit waren nämlich noch viele Verhaltenstherapeuten in den USA damit beschäftigt, die Homosexuellen mittels Aversionstherapie (etwa mittels Elektrostimulation) von der Inversion angeblich zu befreien. In der nach Kinsey einsetzenden Diskussion geriet die Definitionsmacht, die sich die Psychiatrie über zwei Jahrhunderte hinweg gegenüber der Gesellschaft mit der Klassifikation psychischer sogenannter Krankheiten mühselig erarbeitet hatte, über ein Jahrzehnt hinweg deutlich ins Wanken. In der einsetzenden Kritik ging es spätestens seit Anfang der 1970er Jahre auch nicht mehr nur um die sexuellen Deviationen: Die sich in der Folge der 1968er Jahre schnell und weltweit ausbreitende Kritik am medizinischen Krankheitsmodell der Psychiatrie überhaupt erstreckte sich zunehmend auch auf alle anderen psychischen Störungen. Die Auseinandersetzungen wurden immer heftiger: Die Definitionsmacht der Psychiatrie über psychische Abweichungen wurde teilweise oder ganz in Frage gestellt.

Befreiung durch öffentliches Coming-out

Die Definitionsdebatte wurde zusätzlich noch dadurch verkompliziert (wie sie damit wohl auch einer weiteren Klärung zugeführt werden konnte), dass sich zunehmend die Betroffenen selbst in diesen Definitionsprozess einmischten. Während viele Psychoanalytiker immer noch mit ihren Patienten zusammen nach einem Versagen der Eltern in der frühen Kind-Beziehung als Ursache für die Homosexualität suchten oder nicht gerade wenige Verhaltenstherapeuten mit Aversionstherapien gegen eine fehlerhaft entwickelte Geschlechtspartnerorientierung vorgingen, proklamierten die Homosexuellen offen ihr Anderssein selbst. Sie stellten sich seit den 1970er Jahren öffentlich gegen den Rest der Menschheit einschließlich der Ärzte, Psychologen und sonstigen Therapeuten und forderten ihren Platz in der Gesellschaft. Erstaunlich ist, dass dieser Befreiungsschlag durch aktive Übernahme und öffentliche Präsentation einer Rolle des Andersseins in der westlichen Welt auch noch in der Folgezeit öffentliche Zustimmung fand und findet, in der angesichts der HIV-Epidemie und der erhöhten Ansteckungsgefahr mit dem Virus für Angehörige von Risikogruppen eher das Gegenteil zu erwarten gewesen wäre.

Ende der Stigmatisierung? Spätestens seit Mitte des letzten Jahrhunderts dürfte klarer geworden sein, dass Homosexualität ein weder moralisch noch rechtlich noch medizinisch angemessen und grundlegend definierbarer Zustand ist. Sie war und ist schlicht nichts weiter als eine sich mit Zeitströmungen und Definitionsversuchen ändernde *soziale Kategorie.* Sie ist zweifelsohne auf dem besten Weg, sich allmählich aufzulösen – wenn dieser Prozess den Betroffenen und der Gesellschaft denn gelingt. Aus den psychiatrischen Klassifikationssystemen wurde die Homosexualität als psychische Störung zwar gestrichen, aus dem allgemeinen Sprachgebrauch aber noch lange nicht, haben sich doch die Betroffenen selbst ihre Befreiung erst über den Prozess der öffentlichen Selbstetikettierung als Schwule und Lesben und der inzwischen regelmäßigen kollektiven Selbstpräsentation als eine anders geartete Gruppierung erstritten. Auch deshalb ist das bereits von Sigmund Freud – auf die ihm eigene, sprachlich unnachahmliche Art – empfohlene Ziel, nämlich »die Homosexuellen nicht mehr als besonders geartete Gruppe von den anderen Menschen abzutrennen«, noch längst nicht erreicht.

Fortgesetzte Widerstände der Kirche Nach wie vor bestehen Vorbehalte und Ängste. Zwar richten diese sich nicht mehr gegen die besonderen Eigenarten einer homo- bzw. bisexuellen Orientierung. Ängste und Vorbehalte äußern sich vielmehr gegenüber den zwangsläufigen Folgeerscheinungen einer Gleichstellung von Homosexualität mit der Heterosexualität, unter anderem gegenüber einer damit einhergehenden angeblichen Erosion ehelicher Privilegien. Unversehens fühlt man sich sogar ins Mittelalter zurückversetzt, machte sich doch 2003 die »Kongregation für die Glaubenslehre« des Vatikans mit dem damaligen Josef Kardinal Ratzinger an der Spitze daran, der inzwischen in vielen Ländern gesetzlich verankerten homosexuellen Lebensgemeinschaft den Kampf anzusagen. Auch in seiner

Rolle als Oberhaupt der katholischen Kirche lässt er nicht erkennen, dass sich an dieser Haltung etwas geändert hätte.

Homosexualität wird in diesem für die katholische Kirche maßgeblichen Papier – unter ausschließlichem Bezug auf die Bibel und unter Vernachlässigung jeder wissenschaftlichen Erkenntnis – erneut als Sünde und schwere Verwirrung gebrandmarkt. Mit der Legalisierung homosexueller Lebensgemeinschaften werde »das Verständnis der Menschen für sittliche Grundwerte verdunkelt«. Das Verhalten von Politikern, die sich für die Rechte Homosexueller einsetzen, wird als »schwerwiegende unsittliche Handlung« angegriffen, da sie mit ihren Entscheidungen eine »Legalisierung des Bösen« betrieben.

Man mag hoffen, dass dies ein letztes Aufbäumen derjenigen ist, die meilenweit von der Bergpredigt entfernt erneut mit dem Feuer der Ausgrenzung spielen. Glücklicherweise ist die enge kirchliche Konstruktion der »Ehe«, deren Prototypen-Entwicklung in der Zeit der Reformation rechtlich abgesegnet wurde, in unserer Gesellschaft dabei, sich durch eine kreativ organisierte Modellvielfalt auszuzeichnen. Sie erlaubt uns nicht nur neue Möglichkeiten partnerschaftlicher Lebensorganisation, sondern sie ermöglicht auch noch eine große Vielfalt sexueller Erfahrungen. Auf welche Weise sexuelle Interessen und Verhaltensweisen hinter verschlossenen (auch Kloster- oder Kirchenschul-)Türen zumeist zur Zufriedenheit der Beteiligten – auch »pervers« oder »paraphil« – gelebt werden, ist so oder so eine andere Geschichte als die, die wir hier nachzuzeichnen versucht haben.

Kapitel 3
Sexuelle Entwicklung, Geschlechtsidentität und Partnerwahl

In öffentlichen Diskursen werden die biologischen Voraussetzungen eines Menschen (der englische Begriff dafür lautet *sex*) häufig kaum oder nur ungenau von ihren gesellschaftlich-kulturell möglichen Ausdrucksformen (engl. *gender*) getrennt. Für ein Verständnis der weiteren Ausarbeitungen in diesem Buch ist es jedoch sinnvoll, zwischen dem Geschlecht als *biologischer Voraussetzung* und dem Geschlecht als *subjektiv erlebter Identität* (Geschlechtsidentität) beziehungsweise zusätzlich noch dem Geschlecht einer *öffentlich präsentierten sozialen Rolle* (Geschlechtsrolle) begrifflich zu unterscheiden.

Der Sexualforscher John Money (1921–2006) sowie der Psychoanalytiker Robert Stoller (1925–1991) haben es geschafft, dass diese Differenzierung sowohl bei Wissenschaftlern als auch in alltäglichen Diskussionen immer mehr Verbreitung findet. Insbesondere die beiden Gender-Perspektiven der Geschlechtsidentität und der Geschlechtspräsentation sind für ein Verständnis der sexuellen Interessen und Vorlieben des Menschen und – in noch stärkerem Ausmaß – für ein Verständnis der Störungen der Geschlechtsidentität bedeutsam.

Die biologischen Merkmale sind nämlich nicht ausschließlich dafür maßgeblich, wie Geschlecht und Geschlechtlichkeit vom Menschen selbst erlebt und gelebt oder nach außen dargestellt werden. Das innerpsychische Skript (also die subjektiv erlebte Geschlechtsidentität und die interpersonell gelebte sexuelle Orientierung) folgt einer Logik, die subjektives Begehren erst ermöglicht. Das soziale praktizierte Skript sexueller Handlungen (also die präsentierte Geschlechtsrolle und die Sexualpraktiken) gehorcht einer Logik, die Verhalten üblicherweise sozial-gesellschaftlich akzeptabel macht. Diese *interpersonell-soziale* Dimension ist deshalb meist jene Dimension, die der Beurteilung von Handlungen als »abweichend« (im Sinne psychischer Gestörtheit) und »delinquent« (im Sinne juristischer Beurteilung) zugrunde liegt.

Dies bleibt zu beachten, wenn es darum geht, Menschen mit Problemen in bezug auf die Geschlechtsidentität, die sexuelle Orientierung und ihre sexuellen Präferenzen mittels psychologischer Behandlung hilfreich zur Seite zu stehen. Denn wir werden im folgenden begründen, warum sich die einmal ausgebildete individuelle Geschlechtsidentität und die Geschlechtspartnerorientierung offensichtlich kaum mehr ändern oder warum sie sich nur sehr bedingt beeinflussen lassen – vom Kleinkindalter vielleicht abgesehen. Psychologische Therapie lässt sich nach aller Erfahrung gegenwärtig nur mit Erwartungen verbinden, die sich auf eine Änderung der interpersonellen Präsentation der Geschlechtsrolle einschließlich der sexuellen Präferenzen und der objektbezogenen Sexualpraktiken beziehen, nicht aber auf die eigentliche Geschlechtsidentität.

Die Entwicklung des Sexualverhaltens

Die Frage, ob »es« denn nun ein Mädchen oder ein Junge geworden ist, klärt sich heute nicht erst in dem Moment, in dem das Kind zur Welt gekommen ist. Dank bildgebender Diagnostik kann das morphologische Geschlecht und das genetische Geschlecht auf der Grundlage zytologischer Zusatzuntersuchungen schon während der Schwangerschaft mit relativer Sicherheit bestimmt werden. Spätestens mit der Geburt jedoch erfolgt durch die Geburtshelfer in den Geburtsunterlagen die Festlegung des administrativen (»bürgerlichen«) Geschlechts anhand des aktuellen Zustands der äußeren Geschlechtsorgane. Das Geschlecht, das Eltern ihrer Erziehung zugrunde legen, baut üblicherweise auf diese Festlegungen auf – kann jedoch durch eventuell enttäuschte Erwartungen überformt werden.

Üblicherweise führt die eindeutige Beantwortung der Frage nach der Geschlechtsidentität zu entscheidenden Unterschieden in der Beziehung, die die verschiedensten Personen zum Mädchen oder Jungen aufbauen: Namensgebung, Kleiderwahl, Haarschnitt, Geschenke und Spielsachen – bei fast allem wird hinfort den kulturellen Gepflogenheiten entsprechend geschlechtsspezifisch gedacht, gehandelt und erzogen. Die Entwicklung einer Geschlechtsidentität beginnt also mit den ersten Lebensminuten, und Sexualforscher gehen heute davon aus, dass sich in Entsprechung zur Erziehungsumwelt auch die subjektive Geschlechtsrollenfestlegung des Kindes sehr schnell entwickelt und bereits etwa im Alter zwischen 18 Monaten und zwei Jahren weitgehend vollzogen ist.

Geschlechtsidentität

Kommt im zweiten und dritten Lebensjahr die Sprachfähigkeit hinzu, dauert es nach groben Schätzungen und bei Berücksichtigung der individuellen Verschiedenheiten der

Kinder nur noch weitere zwei Jahre, bis die Geschlechtsidentität bei den meisten Jungen und Mädchen auch im Selbstbild unwiderruflich festgelegt ist und damit im Geschlechtsrollenverhalten ihren Ausdruck findet. Es kann in dieser Zeit noch vorkommen, dass Kinder die weiblichen und männlichen Geschlechtsorgane verwechseln. Aber dies bedeutet keinesfalls, dass sie sich dabei über die eigene Geschlechtlichkeit im unklaren wären, denn Kinder dieses Alters nehmen die Unterscheidung nicht anhand der Geschlechtsorgane vor, sondern orientieren sich an den Merkmalen, mit denen ihnen diese Unterschiede von Geburt an durch die Erziehungspersonen nähergebracht wurden.

Die Sicherheit, mit der Forscher heute eine endgültige Festlegung der Geschlechtsidentität im vierten Lebensjahr behaupten, wird noch durch andere Beobachtungen gestützt: In einigen Fällen wurden Kinder, bei denen wegen sexueller Missbildungen das Geschlecht bei Geburt falsch beurteilt wurde, in einer Geschlechtsrolle erzogen, die nicht ihrem biologischen Geschlecht entsprach. Wird dies nachträglich entdeckt, kann eine Umkehrung der Geschlechtsrollenerziehung sinnvoll sein. Aus den Erfahrungen mit solchen Versuchen lässt sich ableiten, dass eine solche Umkehrung aber nur dann möglich ist, wenn die Erziehung zum eigentlichen Geschlecht möglichst frühzeitig (also in den ersten Lebensmonaten) beginnt und mit äußerster Geduld und Konsequenz durchgehalten wird. Mit einem 18 Monate alten Kind wird ein solcher Versuch schwieriger. Nach dem vierten Lebensjahr scheint es unvermeidlich, dass er fast immer misslingt.

Dieses Entwicklungskonzept stammt von John Money und umfasst die Möglichkeit der erzieherischen Beeinflussung der Geschlechtsidentität nur in einem sehr frühen Alter. Mit seinem Ansatz bricht Money den überkommenen Erbe-Umwelt-Dualismus auf, den er durch einen Dreischritt »Erbe → sensible Phase → Umwelt« ersetzt. Als erläuterndes Beispiel wählt Money oft den Erwerb der Muttersprache. Man wird zwar ohne Muttersprache geboren; ist diese aber erst einmal erworben, dann bleibt sie so einflussstark, als sei sie von der Natur gegeben.

Geschlechtsrolle

Mit zunehmendem Sprachvermögen organisiert sich beim Kind auf der Grundlage der erlebten Geschlechtsidentität die subjektive und mitteilbare Selbsterkenntnis, einem bestimmten Geschlecht anzugehören. Dies führt das Kind auch dazu, geschlechtsrollentypische Verhaltensweisen zu bevorzugen und gleichgeschlechtliche Personen als Rollenmodelle auszuwählen. Die subjektiv erlebte Geschlechtsidentität und die persönliche Geschlechtsrolle entwickeln sich vermutlich nur sehr bedingt nacheinander, nämlich über die ersten Jahre hinweg in vielerlei Hinsicht eher gleichsinnig und beeinflussen sich wechselseitig. Dennoch scheint die Geschlechtsidentität bereits in den ersten Lebensjahren weitgehend festgelegt zu sein, während sich die weitere Entwicklung der persönlichen Geschlechtsrolle und Rollenpräsentation wesentlich an kulturspezifischen Vorstellungen und Normen sowie an sozialen Erwartungen orientiert und ausdifferenziert.

Geschlechtsrollenpräsentation

Schließlich beinhaltet die öffentliche Präsentation der Geschlechtsrolle all das, was ein Mensch nach außen hin sagt oder tut, um sich als Junge oder Mann bzw. Mädchen oder Frau darzustellen. Es besteht inzwischen Einigkeit darüber, dass sich die Geschlechtsrollenpräsentation zwar auch durch die Geschlechtsidentität bestimmt, sich in der Vielfalt ihrer Erscheinungsformen jedoch nach und nach aus Erfahrungen aufbaut und vervollständigt. Wesentlich dafür scheinen erzieherische Einflüsse und soziale Erwartungen – aber das ist gar nicht so einfach zu belegen.

Beispiel In den sogenannten Kinderläden in den Folgejahren der 1968er-Bewegung versuchten Eltern, ihren Kindern eine Erziehung anzubieten, die frei von Geschlechtsorientierung sein sollte. Forscher kamen zu dem überraschenden Ergebnis, dass sich die Verhaltensunterschiede zwischen den Geschlechtern in den Kinderläden als weit ausgeprägter erwiesen und viel mehr den gängigen Klischees entsprachen als in traditionellen Kindergärten. Mädchen entwickelten in besonderer Weise eine Vorliebe für Mutter-Kind-Spiele, Jungen für technisches Spielzeug. Alles lief in den Interaktionen zwar erheblich konfliktärmer zwischen den Kindern ab. Dies lag aber an der Tatsache, dass die Mädchen sich angesichts einer auffällig dominierenden Aggressionsneigung der Jungen eher bereitwillig bis ängstlich zurückzogen.

Die Entwicklung sexueller Vorlieben und Neigungen

Mit Beginn der Jugend kommt es zur Ausbildung erotischer und sexueller Wünsche, die sich in den sexuellen Präferenzen und in der sexuellen Orientierung oder (genauer:) in der Geschlechtspartnerorientierung wiederfinden. Diese hängen vorrangig mit deutlichen hormonellen Veränderungen in der Pubertät zusammen, die eine rasch zunehmende sexuelle Reaktionsfähigkeit bewirken.

Im deutschsprachigen Raum wurde in einigen Studien mit Wiederholung in größeren Zeitabständen das Sexualverhalten junger Menschen im Alter zwischen elf und 30 Jahren von den Sexualforschern Gunter Schmidt, Volkmar Sigusch und Ulrich Clement untersucht. Dabei wurden deutliche Auswirkungen der zunehmenden Offenheit festgestellt, mit der Sexualität öffentlich diskutiert und dargestellt wird. So sank im beobachteten Zeitraum von 20 Jahren dasjenige Alter um durchschnittlich drei Jahre auf eine Zeit vor dem 16. Lebensjahr, in dem Jugendliche mit Verabredungen, Küssen, Petting und Geschlechtsverkehr beginnen. Heute scheint es so, dass etwa drei Fünftel der deutschen Jugendlichen vor dem 17. Lebensjahr über sexuelle Erfahrungen mit Geschlechtsverkehr berichten. Diese Zahlen entsprechen in etwa denen aus Studien in den USA: Dort gaben nach Erhebungen durch das Kinsey-Institut im Alter von 17 Jahren 67 Prozent der jungen Männer und 56 Prozent der jungen Frauen an, bereits ein- oder mehrmals Geschlechtsverkehr gehabt zu haben.

Man könnte diese Vorverlagerung folgendermaßen deuten: Offensichtlich haben die religiösen und sozioökonomischen Vorgaben an eine gesellschaftlich akzeptierte

Volljährigkeit über längere Zeit den Kohabitationsbeginn nach hinten verschoben. Im Moment beobachten wir vielleicht nur eine Rückkehr zu biologischen Normalverhältnissen, wie sich diese mit sexuellen Gepflogenheiten und insbesondere mit den Heiratsaltern in anderen Epochen und Kulturen vergleichen lassen.

Sexuelle Orientierung und Partnerwahl

Bei heranwachsenden Jungen ist es nicht unüblich, ab Beginn der Pubertät in Gruppen zu masturbieren und auf diese Weise erste quasi homosexuelle Kontakte zu pflegen. Auch jugendliche Mädchen tauschen gelegentlich quasi lesbische Erfahrungen miteinander. Es ist in diesem Zusammenhang sinnvoll, zwischen quasi homosexuellem *Verhalten* (spielerischer Erfahrungsaustausch, Mut- und Initiationsproben sowie sexuelles Konkurrenzgebaren oder schlichte Neugier zwischen Gleichgeschlechtlichen) und homosexueller *Orientierung* (längere Zeit überdauernde sexuelle Attraktivität von und Wunsch nach Geschlechtsverkehr mit gleichgeschlechtlichen Partnern) zu unterscheiden. Denn die meisten der frühen homosexuellen Kontakte unter Jugendlichen sind auf kürzere Episoden begrenzt, bis sie älter werden und Gelegenheiten zu heterosexuellen Kontakten finden.

Da eine solche Grenzziehung zwischen homosexuellem Verhalten und sexueller Orientierung nicht streng durchgehalten werden kann, gibt es nach wie vor unterschiedliche Schätzungen über die tatsächliche Anzahl von Personen, die im Verlauf ihrer Entwicklung nicht ausschließlich heterosexuell orientiert sind. Die Angaben der organisierten Schwulen und Lesben zu homosexueller Orientierung und Partnerwahl lagen viele Jahre lang einvernehmlich bei durchschnittlich 10 Prozent, eine Zahl die auch heute noch etwa im Internet weit verbreitet ist.

Andererseits hat sich in den fünf Jahrzehnten, die seit dem im zweiten Kapitel erwähnten Kinsey-Report vergangen sind, eine deutliche Veränderung ergeben: Machten bis in die 1970er Jahre hinein noch etwa 20 Prozent der Jungen im Jugendalter frühe homosexuelle Erfahrungen, so ging diese Zahl in den 1990er Jahren auf 2 Prozent zurück. Diese Diskrepanz bei Befragungen erscheint allgemein als zu hoch, als dass sie der Realität entsprechen könnte. Erklärt wird diese Veränderung zumeist mit der durchgreifenden sexuellen Liberalisierung in unserer Gesellschaft.

Die symbolische, teils mystische Bedeutung der Sexualität ist in dem Maße schwächer geworden, wie es zu einem Abbau von Sexualverboten und zur zumindest teilweisen Gleichstellung der Geschlechter kam. Und seitdem die Homosexualität als eigene Sexualform in der öffentlichen Diskussion ihren eigenen Platz gefunden hat, lassen sich paradoxerweise zunehmende Befürchtungen unter heranwachsenden Jungen ausmachen, womöglich als »Schwuler« angesehen zu werden, ein Grund dafür, dass eine eventuell vorhandene Homosexualität eher verheimlicht wird. Wieweit dazu auch Befürchtungen um die Krankheit AIDS beigetragen haben, lässt sich nur schwer entscheiden, wenngleich diese Bedrohung durchaus Relevanz besitzen dürfte.

Die Bisexualität als eigene Option

Mit dem öffentlichen Coming-out der Homosexuellen setzte fast zeitgleich ein Prozess der Konstituierung der manifesten Bisexualität als eigenständiger Möglichkeit der sexuellen Orientierung ein. Gleichwohl fand die beginnende Selbstorganisation der bisexuellen Männer und Frauen, einen eigenen Emanzipationsprozess in Gang zu setzen, gesellschaftlich und wissenschaftlich zunächst wenig Beachtung. Erst mit dem Auftauchen von AIDS rückten die bisexuellen Männer in das Zentrum der Aufmerksamkeit, als ihnen zeitweilig eine enorme Bedeutung für den Verlauf der HIV-Epidemie zugeschrieben wurde. Von sexualwissenschaftlicher Seite wurde die Bisexualität zunächst als transitorisch, also als Übergangsform etwa im Rahmen eines homosexuellen Coming-out betrachtet. Es schien, als würden Bisexuelle in einem nicht abgeschlossenen Integrationsprozess auf dem Weg zur Homosexualität stagnieren, etwa dergestalt, als könnten sie sich nicht eindeutig entscheiden.

Vermutlich wird das Modell einer Übergangsphase sehr eingeengt durch die sozial konstruierte Annahme einer heterosexuellen vs. homosexuellen Zweiteilung bzw. Dichotomisierung der sexuellen Orientierung geprägt, und es dürfte sich wohl kaum in dieser Eindeutigkeit rechtfertigen lassen: Auch dann, wenn einige Homosexuelle eine Phase der Heterosexualität durchlaufen, ist nicht sicher, ob die Bisexualität immer mit einem Homosexualitätskonflikt angesichts gesellschaftlicher Heterosexualitätserwartungen verbunden ist. Das kann in einigen Fällen so sein, in anderen Fällen aber nicht.

Erst nachdem bisexuelle Frauen und Männer, zunächst in den USA und in den letzten Jahren auch hierzulande, den Versuch unternahmen, sich zu organisieren, haben die Sexualforscher damit begonnen, die manifeste Bisexualität als eigenständige Möglichkeit sexueller Orientierung anzuerkennen. Wie so oft, scheint sich auch diesmal die Wissenschaftsgeschichte sexueller Anpassung im Abendland durch öffentliches Eintreten von Betroffenen für eigene Bedürfnisse und Rechte fortzuentwickeln – aus diesem Grund wird es gegenwärtig interessant, auch die Bisexualität als eigenständige, nicht aus Hetero- oder Homosexualität abgeleitete Form der Sexualität zu verstehen und zu untersuchen.

Unterschiede Bisexuell und monosexuell differenzierte Menschen unterscheiden sich vor allem dadurch, dass die bisexuell Orientierten eine doppelte, nämlich eine homosexuelle *und* eine heterosexuelle Option haben. Die häufig vertretene Vermutung, dass Bisexuelle indifferent gegenüber dem Geschlecht ihrer Partnerinnen und Partner sind, ist dabei nur eine denkbare Hypothese, auf die eine Bisexualitätsforschung aber nicht reduziert werden darf. Homosexualität und Heterosexualität schließen sich nicht wechselseitig aus, sondern können in Form einer bisexuellen Erotisierung miteinander verbunden werden. Bisexualität könnte vielleicht über Geschlechtergrenzen hinweg einen Zusammenhang stiften: Bisexuelle wären – positiv ausgedrückt – in der Lage, das Beste beider Welten in Erfahrung zu bringen. Das Besondere dabei ist, dass sie beide Geschlechter erotisieren können und von beiden Geschlechtern sexuell angezogen werden.

Da unsere Kultur auf derartige Möglichkeiten nicht eingestellt ist, wird verständlich, warum sich Bisexuelle gegenwärtig selbst organisieren und bisexuelle Orte schaffen – d. h.: Orte, an denen sie nicht wie in hetero- oder homosexuellen Zusammenhängen ständig damit rechnen müssen, auf Partnerinnen oder Partner zu treffen, die sich auf die jeweilige Monosexualität festlegen wollen. Realisieren sie dabei ihre Bisexualität in selbstbewusster Weise und haben sie befriedigende sexuelle Kontakte mit Männern wie mit Frauen erlebt, sind sie in dem Sinne flexibel, dass sie sich entscheiden können, periodenweise monosexuell zu leben, ohne dabei aber ihre bisexuelle Option vollständig aufgeben zu müssen.

Es wird sogar vermutet, dass Bisexuelle nicht Frauen und Männer als solche erotisch als Wunschvorstellung besetzen, sondern dass sie sich aufgrund ihrer Struktur insbesondere von Männern und Frauen sexuell angezogen fühlen, die, wie sie selber, die Geschlechter bisexuell erotisieren. Das würde bedeuten, dass Bisexuelle sich sexuell gegenseitig anziehen. Eine genauere Untersuchung dieser These stellt eine herausfordernde Frage an die modernen Sexualwissenschaften dar.

Aktuelle Situation

Gegenüber dem Kinsey-Report jedenfalls lässt sich insbesondere bei Männern ein auffälliger Rückgang hinsichtlich einer homo- bzw. bisexuellen Aktivität bzw. hinsichtlich der Bereitschaft, sich als homosexuell zu outen, beobachten. Bezieht man sich auf unterschiedliche Zeiträume, so bezeichnen sich für zurückliegende zwölf Monate etwa

2,4 Prozent der Männer als schwul und 0,6 Prozent als bisexuell, über einen Zeitraum von fünf vorausgehenden Jahren 2,5 Prozent als schwul und 1,4 Prozent der Männer als bisexuell. Die Angaben für lesbische bzw. bisexuelle Frauen liegen jeweils geringfügig niedriger. Insgesamt kann man heute auf der Grundlage repräsentativer Befragungen davon ausgehen, dass sich seit ihrem 18. Lebensjahr etwa 5 bis 6 Prozent der Männer und 4 bis 5 Prozent der Frauen entweder ausschließlich homosexuell oder jeweils mehr oder weniger häufig bisexuell engagiert haben. Entsprechend liegt die Zahl der Männer ohne gleichgeschlechtliche Beziehungen bei 94 bis 95 Prozent und die Zahl der heterosexuell orientierten Frauen bei 95 bis 96 Prozent.

Störungen der Geschlechtsidentität

Immer wieder gibt es Personen, denen es im Verlauf ihrer Entwicklung zunehmend schwerer fällt, sich mit ihrem biologischen Geschlecht zu identifizieren. Dabei handelt es sich um Kinder, Jugendliche und Erwachsene mit männlichem Körper, die sich zeitweilig oder beständig als Mädchen oder Frau fühlen, wie auch umgekehrt jene mit weiblichem Körper, die sich selbst als Junge oder Mann verstehen. Insbesondere dann, wenn die sekundären Geschlechtsmerkmale in der Jugend sichtbarer werden bzw. wachsen, kommt es bei vielen zu einem zunehmenden Leiden unter ihren biologisch deutlicher werdenden Geschlechtsmerkmalen (sogenannte Geschlechtsdysphorie).

Transsexualismus und Transgenderismus Dies kann bei einer Untergruppe zur Konsequenz haben, dass die Personen alles unternehmen, um ihren Körper mit dem subjektiven Identitätserleben in Übereinstimmung zu bringen. Dieses Phänomen der Störungen der Geschlechtsidentität wird von den Sexualforschern auch als *Transsexualismus* bezeichnet. Die unterschiedlichen Phänomene der Geschlechtsidentitätsstörungen (im folgenden »GIS«) werden heute in der Forschung unter der Bezeichnung *Transgenderismus* zusammengefasst und untersucht. In den vergangenen Jahrzehnten haben die Transgenderismus-Forscher mit großem Aufwand versucht, das Phänomen der GIS aufzuklären. Entsprechend ist man heute in der Lage, viele Eigenarten und Entwicklungen dieser Menschen besser zu verstehen.

Geschlechtsrolle in der Kindheit: konform oder nicht konform?

Kinder mit geschlechtsrollenkonformem Verhalten Allgemein kommt es – wie oben angedeutet – in den sozialen Beziehungen von Kindern ohne Geschlechtsidentitätsstörung schon sehr früh zu einer strikten Geschlechtertrennung untereinander. Es ist empirisch gut belegt, dass Mädchen und Jungen bereits im Kindergarten die überwiegende Zeit mit gleichgeschlechtlichen Spielgefährten verbringen und dabei fast ausschließlich solche für ihr Geschlecht typischen Aktivitäten pflegen. Gegengeschlechtliche Verhaltensweisen und Beziehungen werden nur dann gepflegt, wenn die Kinder ausdrücklich zu solchen aufgefordert und ihre Versuche bekräftigt werden. Werden sie nicht weiter dazu angehalten, kehren Mädchen und Jungen auch wieder schnell zu geschlechtsrollenkonformen Gewohnheiten und Interaktionen zurück.

Diese Beobachtungen werden auch durch Untersuchungen zur Kibbuz-Erziehung in Israel unterstützt, die wie die deutschen Kinderläden in den 1970er Jahren frei von Geschlechtspolarisierung sein sollte. Auch Kibbuz-Kinder verhalten sich entgegen der freizügigen Erziehungsdoktrin mehr als augenfällig geschlechtsstereotypisch – und bleiben dies auch noch im späteren Leben. Dies zeigte sich besonders deutlich in Interviews hinsichtlich der geschlechtspolarisierenden Einstellungen und Haltungen: Die ehemaligen Kibbuz-Kinder vertreten im Erwachsenenalter hochgradig geschlechtstypische Einstellungen und Vorurteile, die sich deutlich von anderen Erwachsenen unterscheiden, die in üblichen Familienkonstellationen aufwuchsen.

Kinder mit nicht geschlechtsrollenkonformem Verhalten. Kinder mit einer GIS bevorzugen hingegen nicht geschlechtsrollenkonformes Verhalten und gehen mit Vorliebe Beziehungen zu gegengeschlechtlichen Altersgenossen ein. Viele von ihnen müssen bereits in der Schulzeit erleben, dass sie von anderen ausgegrenzt und gemieden werden. Dies kann zur Entwicklung eines geringeren Selbstwertgefühls beitragen. Trennungsängste, soziale Ängste und depressive Verfassungen können die Folge sein. Hänseleien und Ächtung durch Gleichaltrige sind besonders häufig bei betroffenen Jungen zu finden, insbesondere dann, wenn sie wegen weiblicher Manierismen und Sprachmuster auffallen. Bei einigen kann sich das psychische Erleben derart gestalten, dass sie von ihrem Wunsch nach Zugehörigkeit zum anderen Geschlecht vollkommen eingenommen scheinen und ständig damit beschäftigt sind, das Leiden an der nicht akzeptierten Geschlechtszugehörigkeit auf irgendeine Weise zu verringern.

Jungen Bei Jungen manifestiert sich das Zugehörigkeitsgefühl zum anderen Geschlecht in einem Eingenommensein von traditionell weiblichen Aktivitäten: Sie können ein Interesse am Tragen von Frauen- und Mädchenkleidung entwickeln oder auch mit entsprechenden Kleidungsstücken wie Handtüchern, Schals, Schürzen oder Perücken mit langem Haar improvisieren. Ähnliches gilt für die Bevorzugung von Spielen und Freizeitaktivitäten. Im Gegenzug vermeiden sie die üblichen Rauf- und Kampfspiele der Jungen und zeigen nur geringes Interesse und Freude an Wettkampfsportarten und Fußballspielen.

Mädchen Mädchen zeigen häufig negative Reaktionen, wenn sie von Eltern dazu aufgefordert werden, Kleider und andere weibliche Accessoires zu tragen. Sie bevorzugen Jungenkleidung und kurze Haare, werden von Fremden fälschlich für Jungen gehalten und können andere darum bitten, mit einem Jungennamen angesprochen zu werden, häufig in leichter Abänderung des eigenen Vornamens. Sie lieben typische Spiele der Jungen und messen sich gern mit diesen bei sportlichen Anlässen. Insgesamt wird das nicht geschlechtsrollenkonforme Verhalten bei Mädchen in unserer Gesellschaft als weniger sozial auffällig angesehen. Aus diesem Grunde werden wohl auch eher Jungen in klinischen Einrichtungen wegen einer GIS vorgestellt.

Verläufe in der weiteren Entwicklung

Die ersten Anzeichen einer GIS lassen sich bereits während der frühen Kindheit beobachten. Sehr gelegentlich kann dies bereits im zweiten Lebensjahr der Fall sein, in den meisten Fällen liegt der Beginn der Entwicklung damit also weit vor der Pubertät. Eltern von Jungen mit einer GIS berichten gelegentlich, dass ihre Söhne bereits vom Sprechenkönnen ab den Wunsch geäußert hätten, die Kleider und Schuhe der Mutter tragen zu dürfen. Werden die Kinder älter, kann es sein, dass die Auffälligkeiten nur deshalb weniger deutlich sind, weil sie sich an Verboten ihrer Eltern orientieren und es vermeiden, ihre nicht geschlechtsrollenkonformen Verhaltensweisen öffentlich zu zeigen.

Da inzwischen recht klar ist, welche unterschiedlichen Prognosen bei Vorliegen einer GIS im Kindesalter möglich sind, wird zunehmend heftiger darüber diskutiert, ob es sich bei diesen Verhaltensweisen überhaupt um eine psychische Störung mit Behandlungswert handelt. Dies ist nach wie vor ein sehr zwiespältig behandeltes Thema. Denn zumindest was die Transsexualität mit der Möglichkeit zur späteren Geschlechtsumwandlung angeht, muss sie (jedenfalls heute noch) »Störung mit Behandlungswert« bleiben – dies schon aus versicherungstechnischen Gründen, um eine spätere Finanzierung eventuell geschlechtsumwandelnder medizinischer Maßnahmen zu gewährleisten. Zur ambivalenten Lage trägt bei, dass die Wahrscheinlichkeit der späteren Transsexualität im Unterschied zu den anderen möglichen Ausgängen einer GIS in der Kindheit nur eine kleine Minderheit betrifft.

Die meisten vorhersagbaren bzw. prognostisch denkbaren Entwicklungen der GIS gelten inzwischen als sozial, rechtlich und medizinisch akzeptierbare Formen der sexuellen Orientierung des Menschen. Neben der Heterosexualität als einer prognostischen Variante gibt es die Bisexualität, die Homosexualität und die Transsexualität. Die kritische Diskussion dreht sich also vorrangig um die Frage, wie mit der GIS noch oder bereits in der Kindheit sinnvoll umgegangen werden kann. Denn in *keiner* systematischen Studie konnte bis heute nachgewiesen werden, dass sich auch nur eine dieser Entwicklungen durch medizinische oder psychologische Behandlungsformen hätte verhindern oder sogar umkehren lassen.

Bisexuelle und homosexuelle Entwicklung Bis zu zwei Drittel der Kinder mit einer GIS weisen in der Jugend oder im Erwachsenenalter eine homosexuelle oder bisexuelle Orientierung auf. Wichtig ist: Mit dem Coming-out der Betroffenen scheint die vermeintliche GIS nicht länger zu bestehen – und zwar unabhängig davon, ob diese in der Kindheit professionell behandelt wurde oder nicht. Die meisten bisexuellen und homosexuellen Personen verfügen über eine ihrer Biologie entsprechende Geschlechtsidentität als Mann oder Frau, die allermeisten bereits in der Kindheit.

Heterosexuelle Entwicklung Bei der nächstgrößeren Gruppe von Personen mit einer GIS in der Kindheit (etwa 20–30 Prozent) entwickelt sich später eine heterosexuelle Geschlechtspartnerorientierung. Und bei ihnen gehen die Interessen an nicht geschlechtsrollenkonformen Verhaltensmustern spätestens in der Jugendzeit – ebenfalls mit oder ohne Behandlung – so deutlich zurück, dass auch hier von einer GIS nicht mehr die Rede sein kann. Auch sie verfügen spätestens mit dem Verlassen der Kindheit über eine klare Geschlechtsidentität, die dem biologischen Geschlecht entspricht.

Transsexuelle Entwicklung Nur ein geringer Prozentsatz der Jugendlichen behält eine GIS in der Jugendzeit bei, nämlich etwa 5 Prozent der Kinder mit einer GIS. Es handelt sich dabei vor allem um Kinder, die von frühester Kindheit an eine gegengeschlechtliche Identität strikt vertreten und zum Ausdruck gebracht haben. Für diese Entwicklung zur Transsexualität ist es typisch, das die Betreffenden sich zunehmend bemühen, ihr äußeres Erscheinungsbild nicht nur dem anderen Geschlecht anzupassen, sondern sich in vielen Fällen auch noch einer geschlechtsumwandelnden Operation zu unterziehen.

Fortbestehende GIS und Geschlechtsdysphorie Wohl vor allem ungünstige Erziehungsumwelten und die Erfahrung sozialer Ausgrenzung und Ablehnung können dafür verantwortlich gemacht werden, dass bei Fortbestehen der GIS bis in die Jugend und in das Erwachsenenalter hinein eine Geschlechtsrollenkonfusion bestehen bleibt. In seltenen Fällen kann eine GIS bzw. Geschlechtsdysphorie bis ins hohe Erwachsenenalter hinein andauern. Gelegentlich ist dabei ein spätes Coming-out in Richtung Homosexualität/Bisexualität oder in Richtung Transsexualität zu beobachten.

Die Suche nach Erklärungen

Die meisten Versuche, die unterschiedlichen Verläufe einer GIS in der Kindheit entwicklungspsychologisch zu erklären, können als gescheitert angesehen werden, denn die meisten Annahmen beruhen auf Einzelfallspekulationen und haben sich bis heute einer empirischen Überprüfung entzogen.

Trotz etlicher durchaus interessanter Fallanalysen kann man heute also nur eindringlich davor warnen, die aus einzelnen Fällen abgeleiteten Verursachungshypothesen, die zumeist den Erziehungsstil der Eltern betreffen, bedenkenlos auf andere als die jeweils im Einzelfall vorliegenden Konstellationen zu übertragen. Bis heute jedenfalls ließen sich in forschungsmethodisch akzeptierbaren Studien keine haltbaren Hinweise dafür finden, dass den Erziehungsstilen der Eltern überhaupt eine Rolle bei der Entwicklung der internen sexuellen Orientierung wie der Geschlechtspartnerorientierung zugesprochen werden kann (dies ist ein wichtiges Argument für die Debatte über gleichgeschlechtliche Ehen).

Auffälliges Erziehungsverhalten findet sich nur dann, wenn Eltern darum bemüht sind, jedwede nach außen gezeigte Abweichung von der Heterosexualität teils angstvoll, teils ärgerlich zu unterbinden, in der Hoffnung, damit auch eine interne Entwicklung anzustoßen.

Genetik und Biologie Ähnliche Uneindeutigkeiten in der Befundlage gelten für die Genetik und Biologie der GIS. Wie sich in Studien zur Bedeutsamkeit biologischer Voraussetzungen durchgängig zeigt, lassen sich sichere Prädikatoren auf der Grundlage genetischer und hormoneller Faktoren eher bei *Persönlichkeitsmerkmalen* und *Temperamentseigenarten* vermuten – nicht jedoch generell mit Blick auf die spätere Geschlechtspartnerorientierung oder Geschlechtsidentität, für die viele weitere Zwischenstufen der Verhaltensausformung anzunehmen sind.

Dass eventuell Temperamentsunterschiede in der Kindheit für unterschiedliche Neigungen zu geschlechtsrollenkonformen bzw. nicht geschlechtsrollenkonformen Verhaltensmustern infrage kommen könnten, ist eine der wenigen Hypothesen, die in größeren Untersuchungen eine gewisse Absicherung erfahren haben. Auf diese Hypothese soll nachfolgend am Beispiel der differenten Entwicklungen einer hetero-, bi- und homosexuellen Geschlechtspartnerorientierung eingegangen werden.

Die San-Francisco-Studie Anfang der 1980er Jahre wurde in einer breit angelegten Interviewstudie des Kinsey-Instituts für Sexualforschung versucht, den Realitätsgehalt von früher vertretenen psychoanalytischen und lerntheoretischen Entwicklungsperspektiven zu überprüfen. In der als »San-Francisco-Studie« bekannt gewordenen Untersuchung interviewten Forscher annähernd 1000 Lesben und Schwule und verglichen die Ergebnisse mit Daten aus gleichartigen Interviews mit 500 heterosexuellen Männern und Frauen. Diese Studie gilt nach wie vor als Meilenstein in der Forschung, weil sich mit den Ergebnissen erhebliche Zweifel an vielen der bis dahin und auch heute noch vertretenen entwicklungspsychologischen Hypothesen begründen lassen.

Zusammengefasst ließen sich nämlich *überhaupt keine*

nennenswerten familiären Variablen und Erziehungsstile identifizieren, mit denen sich ein Einfluss auf die spätere sexuelle Orientierung hätte voraussagen lassen. Dies gilt einerseits für die bindungstheoretisch begründeten psychoanalytischen Annahmen wie auch für viele Hypothesen der sozialen Lerntheoretiker in der Verhaltenstherapie über differenzielle Lernerfahrungen oder eine mögliche Modellierung sexueller Orientierungsmuster. In diesem Zusammenhang erwies sich auch die nur für kurze Zeit diskutierte und dann verworfene, inzwischen leider aber unter Laien weit verbreitete Verführungshypothese zur Homosexualität als völlig unhaltbar.

Die San-Francisco-Studie widerlegt eindrücklich die Vermutung, dass erst eigene heterosexuelle oder homosexuelle Erfahrungen die Grundlage für die spätere sexuelle Orientierung darstellen: Die meisten homosexuellen bzw. bisexuellen Erfahrungen werden nämlich typischerweise drei Jahre (!) später gemacht, *nachdem* sich die Betreffenden ihrer Orientierung selbst bewusst geworden sind – d.h., die Orientierung ist bereits dann längst angelegt, wenn eigene Aktivitäten in dieser Richtung aufgenommen werden. Dies entspricht im Übrigen den Entwicklungen der ebenfalls zur Jugendzeit befragten Heterosexuellen in der Kontrollgruppe.

Vielmehr war in der San-Francisco-Studie das geschlechtsrollenkonforme bzw. nicht geschlechtsrollenkonforme Verhalten in der Kindheit nicht nur der bedeutsamste, sondern zugleich auch noch der einzige signifikante Prädikator für die spätere sexuelle Orientierung sowohl bei Männern als auch bei Frauen. Seither ist es in einschlägigen Forschungsarbeiten üblich, diesen Aspekt immer mitzuerheben. So findet sich dann auch in einer ganzen Reihe von Nachfolgestudien immer wieder der hochgradig signifikante Befund eines Zusammenhangs zwischen späterer Geschlechtspartnerorientierung und den jeweiligen für das eigene Geschlecht nicht typischen kindlichen Interessen und Aktivitäten (bei Homosexuellen) bzw. den jeweiligen für das eigene Geschlecht typischen kindlichen Interessen und Aktivitäten (bei Heterosexuellen).

Eine integrative Perspektive

Eine die bisherigen Befunde integrierende Erklärungsperspektive wurde vom Sozialpsychologen Daryl Bem im Jahr 1996 vorgelegt. Der Autor stellt in seiner sogenannten EBE-Theorie (*Exotic Becomes Erotic*) einen zentralen Punkt in das Zentrum seiner Überlegungen, an dem sich offensichtlich bei allen Menschen irgendwann in der Jugend oder im frühen Erwachsenenalter eine Wende vollzieht: Jene Menschen, die in der Kindheit gern mit Mädchen spielen (nämlich homosexuelle Männer und heterosexuelle Frauen) bevorzugen im späteren Leben Männer als Sexual- und Lebenspartner. Diejenigen, die in der Kindheit lieber mit Jungen spielen (nämlich homosexuelle Frauen und heterosexuelle Männer) fühlen sich im späteren Leben vorzugsweise von Frauen angezogen. Bem macht darauf aufmerksam, dass dieser bedeutsame und entscheidende Wechsel im Interesse am Geschlecht von Bezugspersonen im Lebenslauf in der bisherigen Forschung zur Partnerwahl kaum beachtet wurde.

Angesichts dieses sowohl für männliche wie weibliche Jugendliche geltenden pubertären Wechsels des Interesses hin zum in der Kindheit nicht favorisierten »anderen Geschlecht« postuliert Bem nachfolgend dargestellte phasenhafte Entwicklung, die er mit Ergebnissen aus der Zwillingsforschung teilweise empirisch absichern konnte.

Von der Genetik zum Temperament In seiner EBE-Theorie der Geschlechtspartnerorientierung geht Bem davon aus, dass die hereditären (ererbten) bzw. pränatalen (vorgeburtlichen) Faktoren keinen direkten Einfluss auf die spätere sexuelle Orientierung haben. Vielmehr wird festgelegt, dass diese eher für die Entwicklung von Temperamentsvariablen eine wichtige Rolle spielen, also für Persönlichkeitsmerkmale, die sich auf einer Skala zwischen den Polen »aktiv« und »passiv« einordnen lassen.

Vom Temperament zum Rollenverhalten Das kindliche Temperament jedoch ist Voraussetzung dafür, an welchen Aktivitäten das Kind bevorzugt Interesse und Freude entwickelt. So wird das eine Kind zunehmend Spaß an Rauf- und-Kampf-Spielen, an Fußballspielen und anderen Wettkampfsportarten entwickeln (die als typisch für Jungen angesehen werden); ein anderes Kind wird sich eher zurückhaltend entwickeln, und Spiele mit Puppen und Vater-Mutter-Kind-Spiele bevorzugen (die eher als typisch für Mädchen gelten).

Im Verlauf der weiteren Entwicklung verändert sich diese spezifische Eigenart vor allem mit den weiter zunehmenden hormonellen Veränderungen in der Jugend in Richtung auf ein – dann – erotisches Interesse an jenen, denen man bis dahin eher reserviert gegenübergestanden hat und deren exotische Eigenarten und Gewohnheiten man bisher nicht genau kannte. Auf diese Weise könnte die EBE-Theorie auch noch andere Phänomene einordnen helfen, wie zum Beispiel die Tatsache, dass auf hellhäutige Menschen plötzlich dunkelhäutige Personen erotisierend wirken. Bem postuliert, dass spezifische psychische Mechanismen dafür verantwortlich zeichnen, wenn sich zunächst exotisch erlebte Merkmale in erotisierende Attraktoren verwandeln.

Therapeutische Perspektiven

Wird ein Kind wegen einer Geschlechtsidentitätsstörung in der Therapie vorgestellt, halten Psychotherapeuten eine sorgsame Differenzialdiagnose für eine unverzichtbare Voraussetzung für eine Behandlung. Sie bemühen sich, genau zu unterscheiden, ob das nicht geschlechtsrollenkonforme Interesse des Kindes im Zusammenhang mit einer ansonsten als psychisch gesund und stabil zu bezeichnenden kindlichen Entwicklung aufgetreten ist oder ob das Kind selbst unter seinen vermeintlich abweichenden Interessen leidet. Im letztgenannten Fall wäre nämlich weiter zu klären, wodurch sich dieses subjektive Leiden begründet: Im kindlichen Leiden könnten sich z. B. Besorgnisse und (homophobe) Ängste der Eltern widerspiegeln. Das Leiden kann seine Ursache auch in sozialer Ausgrenzung in der Gruppe der Gleichaltrigen haben. Es kann – in Ausnahmefällen – aber auch den frühen Beginn einer transsexuellen Entwicklung markieren.

Die affirmative Behandlung von Kindern

Wegen der Ungenauigkeit bzw. Vorläufigkeit, mit der sich die Entwicklung einer GIS erklären lässt, werden die Voraussetzungen und Entwicklungsaspekte der Kindheit heute nur noch sehr zurückhaltend ausgedeutet. Denn angesichts der möglichen Vielfalt der Perspektiven sind gegenwärtig gar keine eindeutigen Bewertungen möglich. Entsprechend behutsam werden Eltern und – je nach erreichtem Alter in angemessener Form – auch das Kind über die möglichen unterschiedlichen Hintergründe und Perspektiven aufgeklärt. Insbesondere mit Blick auf eine Prognose kann dies – angesichts der bestehenden Aufklärungspflicht gegenüber Angehörigen und Patienten – zum Beispiel heißen: Sollte die GIS bis in die Jugend und darüber hinaus bestehen bleiben, kann sie (häufiger) in eine homosexuelle Entwicklung oder in eine heterosexuelle oder (seltener) in eine transsexuelle Entwicklung einmünden. In den meisten dieser Fälle (mit Ausnahme des Transsexualismus) wird das Interesse an nicht geschlechtsrollenkonformen Verhaltensweisen noch im Verlaufe der Kindheit wieder zurückgehen.

Wegen dieser Unsicherheit in der Prognose besteht nach wie vor Uneinigkeit darüber, ob die GIS in der Kindheit überhaupt behandelt werden sollte – und wenn ja, wie und auf welche Weise. Da gegenwärtig eine Prognose in Richtung Heterosexualität, Homo-/Bisexualität und Transsexualität mit Ausnahme der Angabe von Prozentsätzen nicht möglich ist und eine therapeutische Beeinflussung dieser Entwicklungen auch gar keinen Erfolg verspricht, wird empfohlen, nicht die GIS selbst in den Mittelpunkt der Behandlung zu rücken. Vielmehr wird der Fokus der Behandlung auf Faktoren ausgerichtet, die einer gesunden Entwicklung des Kindes im Wege stehen bzw. die eine weitere Entwicklung des Kindes negativ beeinflussen können – in welche Richtung auch immer diese dann gehen wird.

Empfohlen wird also eine affirmative, d.h. eine stützende und die eigene Geschlechtlichkeit bejahende Behandlung. Familiäre und soziale Umgebungsbedingungen könnten bereits aktuell für soziale Ängste, Rückzug aus sozialen Beziehungen und für auftretende Mängel in sozialen Fertigkeiten mitverantwortlich zeichnen. In solchen Fällen geht es darum, das Selbstvertrauen und die Selbstsicherheit der Kinder im Verhalten in zwischenmenschlich relevanten Situationen zu stärken. Entsprechende Ziele werden auch in einer affirmativen Eltern- und Familientherapie angestrebt.

Zusammenfassend gilt heute Folgendes als sicher: Unabhängig davon, ob man eine Geschlechtsidentitätsstörung in Richtung geschlechtsrollenkonformen Verhaltens therapeutisch abzuändern versucht oder auch nicht, haben beide Gruppen, also die behandelten wie die unbehandelten Kinder, nach wie vor dieselben Prognosen, nämlich die, wie sie zuvor in diesem Kapitel dargestellt wurden.

Behandlung bei Transsexualismus

Auch eine transsexuelle Entwicklung als seltener Spezialverlauf einer GIS kann sehr unterschiedliche Ausgänge nehmen. In vielen Fällen kann sogar der transsexuelle Wunsch selbst variieren: Er kann lediglich die innere, aber nicht öffentlich gezeigte Gewissheit der gegengeschlechtlichen Zugehörigkeit umfassen. Er kann sich auf den Wunsch nach Akzeptanz im öffentlichen und privaten Leben richten, aber nicht den Schritt hormoneller und chirurgischer Eingriffe einbeziehen. Und selbst chirurgische Eingriffe können auf unterschiedliche Weise angestrebt werden, sich z. B. nur auf die Entfernung des männlichen Genitales oder der weiblichen Brust beziehen. Bei wieder anderen ist der Wunsch unerschütterlich, sich plastisch-chirurgischen Operationen zu unterziehen, mit denen eine möglichst perfekte äußere Angleichung an das erlebte innere Geschlecht erreicht werden soll.

Entsprechend dieser Variationsweite persönlicher Wünsche an ein zukünftiges transsexuelles Leben hat sich inzwischen ein zeitlich gestuftes, prozesshaftes diagnostisch-therapeutisches Vorgehen durchgesetzt. Dieses Vorgehen dient dem Umgang der Professionellen mit Transsexuellen in fast allen Ländern, in denen die Geschlechtsumwandlung auf eine rechtliche Basis gestellt wurde. Ein völlig beliebiger Zugang (auf bloßes Verlangen) zur somatischen (d.h. körperbezogenen) Behandlung soll damit verhindert werden. Als Orientierungshilfe für das Vorgehen dienen üblicherweise die 1979 erstmals vorgelegten und seither mehrfach überarbeiteten »Standards of Care« der Harry Benjamin International Gender Dysphoria Association (aktuell in der 6. Auflage).

Voraussetzungen Im bundesdeutschen Transsexuellen-Gesetz (TSG) von 1980 wird die Änderung des Vornamens ohne Personenstandsänderung als sogenannte kleine Lösung nach § 1 TSG von einer sogenannten großen Lösung nach § 8 TSG unterschieden, nach der eine Personenstandsänderung beantragt werden kann. Letztere ist jedoch erst nach einer geschlechtsumwandelnden Operation möglich. Die Vornamensänderung erfordert keinerlei somatische Behandlung und ist auch für verheiratete Transsexuelle möglich. Für eine Personenstandsänderung ist zusätzlich erforderlich, dass die betreffende Person nicht verheiratet ist, dass sie »dauernd fortpflanzungsunfähig ist und sich einem die äußeren Geschlechtsmerkmale verändernden operativen Eingriff unterzogen hat, durch den eine deutliche Annäherung an das Erscheinungsbild des anderen Geschlechts erreicht worden ist«, so § 8 TSG. In beiden Verfahren müssen Gutachten von Sachverständigen (Mediziner oder Psychologen) erstellt werden, die mit den besonderen Problemen des Transsexualismus ausreichend vertraut sind.

Entsprechend den Vorgaben der »Standards of Care« kann man die Behandlung Transsexueller als ein gestuftes Therapiepaket beschreiben. Es umfasst individuell gestaltete Einzelphasen unterschiedlicher Länge. Die einzelnen Phasen gehen ineinander über. Es kann, muss aber nicht zu einer geschlechtskorrigierenden Operation und zum juristisch anerkannten Geschlechtswechsel führen.

Das Therapiepaket läuft in nacheinander geschalteten Phasen ab:

Phase 1: Diagnostik Diese Eingangsphase erfordert eine breit angelegte Differenzialdiagnostik, in der eine Reihe von Ausschlussmöglichkeiten beachtet werden müssen (v.a. der Ausschluss einer anderen psychischen Störung und der Ausschluss eines möglichen Zusammenhangs mit genetischen oder geschlechtschromosomalen Anomalien). Diese Periode der Sicherstellung der Diagnose »Transsexualität« kann für sich genommen mehrere Monate bis hin zu einem Jahr regelmäßiger Kontakte zu einem Therapeuten umfassen. Sie kann einer intensiven psychotherapeutischen Behandlung entsprechen oder eher im Sinne einer stützenden Beratung durchgeführt werden. Sie sollte den Transsexuellen dazu verhelfen, die innere Stimmigkeit und Konstanz ihres transsexuellen Wunsches zu erfassen und die Möglichkeiten und Grenzen einer Hormonbehandlung und geschlechtsverändernden Operation realistisch zu beurteilen.

Phase 2: Alltagstest Während dieser Behandlungsphase erprobt der/die Transsexuelle, ob ihm/ihr der Geschlechtswechsel möglich ist. Er/Sie lebt 24 Stunden täglich in der angestrebten Rolle und überprüft das Gelingen des Rollenwechsels in allen wichtigen Aspekten wie Gestik, Mimik, Kleidung, Schminken und sozialem Verhalten. Er/Sie lernt die Reaktionen der Umwelt kennen und mit diesen zurechtzukommen. Eine affirmativ psychotherapeutische Begleitung in dieser Phase dient der persönlichen Verarbeitung von unvermeidbaren Schwierigkeiten und der Entwicklung persönlicher Kompetenz in der Ausgestaltung der neuen Geschlechtsrolle.

Phase 3: Hormonbehandlung Die somatischen (d.h. auf äußere körperliche Veränderungen abzielenden) Therapien werden zu irreversiblen oder zu kaum korrigierbaren Veränderungen führen. In den Standards werden entsprechend einige Voraussetzungen erwartet: Der Psychotherapeut sollte die Patienten in der Regel mindestens schon ein Jahr kennen. Er ist dabei zu dem begründeten Urteil gekommen, dass die Geschlechtsidentität und ihre individuelle Ausgestaltung stimmig ist, dass die gewünschte Rolle gelebt werden kann und dass eine realistische Einschätzung der Möglichkeiten und Grenzen somatischer Behandlung vorhanden ist.

Die Hormonbehandlung erfolgt durch einen Endokrinologen (also durch einen Facharzt). Sie ermöglicht es, schon vor einer Operation den postoperativen subjektiven Zustand zu erleben. Im positiven Fall erleichtert die Hormonbehandlung den Transsexuellen ihre Situation im Alltag erheblich: Mit zunehmend weiblichen bzw. männlichen Attributen wirken die Betreffenden im neuen, angestrebten Geschlecht überzeugender.

Phase 4: Geschlechtskorrigierende Operation Die Operation schafft eine irreversible Situation. Inzwischen muss sich erwiesen haben, dass die/der Transsexuelle mit der hormonellen Medikation psychisch und körperlich gut zurechtkommt, da diese lebenslang fortgesetzt werden muss. Die Standards legen fest, dass der Psychotherapeut die/den Transsexuelle/n in dieser Phase mindestens einundhalb Jahre kennen sollte, dass sie/er bis zur Operation mindestens ein Jahr lang das Leben in der gewünschten Geschlechtsrolle erprobt und dass sie/er mindestens ein halbes Jahr unter gegengeschlechtlicher Hormonbehandlung gestanden hat.

Der Psychotherapeut hilft bei der Auswahl der Chirurgen, mit denen die/der Transsexuelle Gespräche über die verschiedenen Möglichkeiten operativer Eingriffe führen kann. Es ist dabei nochmals Zeit darauf zu verwenden, die Entscheidung für die Operation zu durchdenken. Denn in dieser Phase sind erneut zwei Fachgutachten notwendig, aus denen zweifelsfrei die Zustimmung der/des Transsexuellen zum geschlechtskorrigierenden Eingriff ablesbar sein muss. Die Folgen einer voreiligen Entscheidung sind offenkundig: Rückoperationen sind entweder überhaupt nicht oder nur unter größten Schwierigkeiten und mit unsicherem Ausgang möglich.

Phase 5: Nachbetreuung Auch dann, wenn eine psychologische oder psychotherapeutische Betreuung nach vollständiger Geschlechtsumwandlung nicht mehr zwingend vorgesehen ist, sollte eine solche zumindest empfohlen werden. Zwar gelingt bei entsprechender Vorbereitung die psychosoziale Integration in der Regel gut, doch können immer wieder Probleme auftreten. Dies gilt häufig angesichts des Wunsches, eine feste Partnerschaft einzugehen. Andere kommen von sich aus erneut in Behandlung, weil sie nach der Operation eine Phase der psychischen Instabilität erleben, z.B. unter Depressivität leiden oder immer noch ständig Kämpfe um ihre sozial-gesellschaftliche Anerkennung führen müssen.

Zusammenfassend dürfte deutlich geworden sein, dass die *Zeitspanne* für die notwendige psychotherapeutische Begleitung und Behandlung (inkl. Alltagstest, Hormonbehandlung bis hin zur Operation) relativ groß ist. Formal gesehen sollte sie mindestens eineinhalb Jahre betragen, in der Regel wird sie jedoch erheblich länger ausfallen. Insgesamt bleibt zu bedenken, dass zwar die meisten Transsexuellen den Weg bis zur kompletten Geschlechtsumwandlung gehen möchten; es gibt jedoch immer wieder Betroffene, die vor allem in der Anfangsphase ihrer Therapie eine andere Alternative für sich als Lösung ihres Problems annehmen können.

Kapitel 4
Sand im Getriebe der Liebe und die Störungen sexueller Funktionen

Die Zufriedenheit in einer partnerschaftlichen oder ehelichen Beziehung hängt von einer Vielzahl von Faktoren ab – und nicht nur von der Art und Qualität gemeinsamer sexueller Erfahrungen. Zwar steht wohl bei den meisten Paaren in der Phase der ersten und intensiven Verliebtheit das Sexualerleben noch sehr im Vordergrund. Im weiteren Verlauf der Partnerschaft rückt der Stellenwert der Sexualität zugunsten anderer Gemeinsamkeiten aber meist etwas in den Hintergrund, etwa zugunsten des Ausübens und Teilens gemeinsamer Interessen und Vorlieben. Eine zufriedenstellende Partnerschaft wird normalerweise günstig von einer positiven Bilanz des wechselseitigen Gebens und Nehmens geprägt.

Bei ungünstiger Entwicklung kann dies jedoch zu einer Überforderung einzelner oder beider Partner führen. Wird die erste Phase der verliebten Verschmelzung und Intimität bei zumeist gleichzeitiger Abschottung nach außen vom allmählich gewöhnlicher werdenden Alltag abgelöst, stellt sich fast zwangsläufig die gemeinsam zu bewältigende Aufgabe der Entwicklung eines partnerschaftlichen Lebensstils ein. Kommt es zur Familiengründung und zur Geburt von Kindern, gerät die Sexualität wieder leicht in den Hintergrund. Manchmal scheint dies erwünscht, manchmal akzeptiert, oft jedoch nur durch einen Partner.

Befragt man in Interviews verheiratete Paare, dann wird interessanterweise die Sexualität auch bei bereits lang dauernder Ehe als einer der wesentlichsten Bereiche der Partnerschaft erlebt. Kommt es in einer intimen Beziehung jedoch zunehmend zu nicht mehr befriedigenden Kompromissbildungen oder gar zu Machtkämpfen, kann dies teils erhebliche Störungen im Sexualleben zur Folge haben. Außerdem ist inzwischen deutlich geworden, dass sich bei Paaren mit Sexualstörungen die gestörte Sexualität auf andere Bereiche der Partnerschaft ausweiten kann. Dies kann schließlich dazu führen, dass die Qualität der Beziehung insgesamt infrage gestellt wird.

Gelegentlich bestanden sexuelle Probleme oder Störungen jedoch bereits vor Aufnahme einer intimen Beziehung. Denn neben Partnerschaftskonflikten können Störungen der sexuellen Funktionen auf eine Vielzahl unterschiedlicher Faktoren zurückgeführt werden, etwa auf traumatische sexuelle Vorerfahrungen, Ängste vor Kontrollverlust, Schwangerschaftsängste, auf psychische Störungen wie eine Depression, auch auf moralische und religiöse Konflikte, auf falsche und unrealistische Erwartungen oder mangelnde Kommunikation über Sexualität.

Eigenarten sexueller Funktionsstörungen

Werden nachfolgend die sexuellen Funktionsstörungen beschrieben, so werden diese Störungen auf heterosexuelle Paare bezogen dargestellt. Doch auch bei homo- und bisexuellen Paaren können sexuelle Funktionsstörungen behandlungsrelevant werden: In solchen Fällen kommen üblicherweise die gleichen therapeutischen Verfahren wie bei heterosexuellen Paaren zur Anwendung. Zur Störung sexueller Funktionen kann es sowohl bei gelegentlich stattfindendem Geschlechtsverkehr in Zufallsbekanntschaften wie auch in lang bestehenden Paarbeziehungen kommen.

Das Vorliegen sexueller Funktionsstörungen sagt zunächst nichts Weitergehendes über die Partnerbeziehungen aus. Denn begünstigend zur Entwicklung sexueller Störungen tragen zusätzlich zu den oben genannten Faktoren auch noch eine mangelnde Sexualaufklärung, eine Tabuisierung der Sexualität sowie soziale und sexualspezifische Ängste und Befürchtungen (z. B. Ekelgefühle) bei.

Der sexuelle Reaktionszyklus

Die Einordnung und Benennung sexueller Funktionsstörungen orientiert sich zumeist am zeitlichen Erregungsablauf des Geschlechtsverkehrs. Man folgt dabei üblicherweise einem Verlaufsmodell sexueller Reaktionen, das von dem Gynäkologen William Masters (1915–2001) und der Psychologin Virginia Johnson (geb. 1925) bereits in den 1960er Jahren vorgelegt wurde. Auf dem von ihnen beschriebenen sexuellen Reaktionszyklus basiert auch das von beiden entwickelte Therapieprogramm, das später in diesem Kapitel genauer beschrieben werden wird. Nachdem Masters und Johnson mit bereitwilligen Paaren sorgsame Studien zum Ablauf des Geschlechtsverkehrs durchgeführt hatten, unterteilten sie den menschlichen sexuellen Reaktionszyklus in vier unterscheidbare Phasen.

Erregungsphase Der sexuelle Reaktionszyklus beginnt mit der Erregungsphase, die von wenigen Minuten bis über eine Stunde andauern kann. Zunächst steigen Puls und Blutdruck. Der Blutumlauf wird dabei insbesondere in der Beckenregion erhöht, der sogenannte *Sex Flush*, die vermehrte Durchblutung der oberen Hautschichten, setzt ein. Bei Frauen schwellen Klitoris, Schamlippen und Brustwarzen an und die Geschlechtsteile werden feucht. Männer bekommen eine Erektion.

Plateauphase Während der Plateauphase steigt das sexuelle Begehren und damit einhergehend die Muskelanspannung. Die äußeren Schamlippen weiten sich, und es bildet sich vaginale Flüssigkeit (Lubrikation). Auch das männliche Glied gibt erste sogenannte Lusttropfen ab.

Orgasmusphase Während der Orgasmusphase erreicht die Erregung ihren Höhepunkt. Der Blutumlauf steigt auf ein Maximum. Es kommt zu spontanen, also nicht willentlich gesteuerten bzw. steuerbaren rhythmischen Muskelkontraktionen in der Genital- und Analregion. Der Mann stößt während des Orgasmus in der Regel das Sperma aus: Die Ejakulation geht jedoch nicht zwingend mit dem emotionalen Gipfel der Leidenschaft einher, diesen können Männer auch ohne Samenerguss erreichen – und umgekehrt. Frauen sondern beim Orgasmus ebenfalls eine klare Flüssigkeit ab. Bei solch einem Höhepunkt der Herz-, Kreislauf- und Atmungstätigkeit kann es sogar zu einem kurzen Bewusstseinsverlust kommen.

Entspannungsphase In der letzten Phase des Reaktionszyklus kehrt der Körper zur normalen Herz-Kreislauf-Funktion zurück. Man fühlt sich angenehm ermattet, und die Geschlechtsorgane schwellen ab. Nach dem Orgasmus brauchen die meisten Männer eine gewisse Zeit für die körperliche Erholung, die einige Minuten oder länger, mit zunehmendem Alter auch mehrere Tage dauern kann. Frauen regenerieren sich schneller und können sogar mehrere Orgasmen direkt hintereinander haben. Sie erleben den Höhepunkt der Lust allerdings meist weniger regelmäßig als Männer.

Wann werden sexuelle Funktionsstörungen diagnostiziert?

Vor dem Hintergrund des sexuellen Reaktionszyklus beschreiben sexuelle Funktionsstörungen einen Mangel oder eine Verminderung des sexuellen Verlangens, eine Behinderung der Durchführbarkeit des Koitus oder der Penetration (also des Eindringens), ein Ausbleiben bzw. eine fehlende Kontrolle über das Auftreten des Orgasmus (und der Ejakulation), nicht organisch bedingte Schmerzen beim Koitus sowie eine mangelnde Befriedigung bei ungestörtem Ablauf des Koitus.

Wird eine sexuelle Funktionsstörung diagnostiziert, sind dazu in der Regel zwei Voraussetzungen zu prüfen, die dann auch deren psychotherapeutische Behandlung rechtfertigen könnten (sie gelten übrigens für alle Störungen, die nachfolgend kurz beschrieben werden): Eines dieser Kriterien fordert, dass die sexuelle Störung deutliches Leid bei den Betroffenen oder zwischenmenschliche Schwierigkeiten verursacht. Das andere dieser Kriterien besagt, dass das Störungsbild nicht besser durch das gleichzeitige Vorhandensein einer anderen psychischen Störung erklärt werden kann

(z. B. durch eine Depression oder eine posttraumatische Belastungsstörung) und dass es nicht ausschließlich auf die direkte Wirkung einer Substanz zurückgeht (z. B. bei chronischem Alkoholmissbrauch). Im letzteren Fall ist es therapeutisch zwingend geboten, zunächst vorrangig die zusätzlich vorhandene psychische Störung einer psychotherapeutischen Behandlung zu unterziehen.

Es bleibt jedoch zu beachten: Ausschließlich dann, wenn ein Mensch tatsächlich unter sexuellen Störungen leidet, werden diese von Sexualtherapeuten auch als »Störung mit Behandlungswert« diagnostiziert. Beispielsweise stellten Forscher an der Charité in Berlin 2004 fest, dass von knapp 2000 befragten Männern zwischen 40 und 79 Jahren zwar fast 20 Prozent über Schwierigkeiten mit der Sexualität berichteten, weil sie keine für den Geschlechtsverkehr hinreichende Erektion bekommen konnten. Die Frage, ob dies ihre Lebensqualität mindere, bejahten jedoch wesentlich weniger Männer. Vor allem Betroffene ab dem 60. Lebensjahr scheinen solche Beeinträchtigungen häufiger zu akzeptieren und leiden somit auch nicht unter einer Sexualstörung.

Überblick über sexuelle Störungsbilder beim Mann und bei der Frau

Störungen der sexuellen Appetenz

– *Störung mit verminderter Appetenz:* anhaltender oder wiederkehrender Mangel an (oder Fehlen von) sexuellen Phantasien und des Verlangens nach sexueller Aktivität.

- *Störung mit sexueller Aversion:* anhaltende oder wiederkehrende extreme Aversion gegenüber oder Vermeidung von (fast) jeglichem genitalen Kontakt mit dem Sexualpartner.

Störungen der sexuellen Erregung

- *Störung der sexuellen Erregung bei der Frau:* anhaltende oder wiederkehrende Unfähigkeit, Lubrikation und Anschwellung der äußeren Genitale als Zeichen genitaler Erregung zu erlangen oder aufrechtzuerhalten.
- *Erektionsstörung beim Mann:* anhaltende oder wiederkehrende Unfähigkeit, eine angemessene Erektion zu erlangen oder aufrechtzuerhalten.

Orgasmusstörungen

- *Weibliche/männliche Orgasmusstörung:* anhaltende oder wiederkehrende Verzögerung oder Fehlen des Orgasmus nach einer normalen sexuellen Erregungsphase. Dabei werden voneinander unterschieden: eine primäre Anorgasmie, bei der ein Orgasmus noch nie möglich war, und eine sekundäre Anorgasmie, bei der trotz früherer befriedigender Erfahrung derzeit kein Orgasmus möglich ist.
- *Ejaculatio praecox:* anhaltendes oder wiederkehrendes Auftreten einer Ejakulation bei minimaler sexueller Stimulation vor, bei oder kurz nach der Penetration und bevor die Person dies wünscht. Gelegentlich findet sich bei Männern als Leiden auch eine *Ejaculatio retarda* als unerwünschte Verzögerung des Samenergusses, sehr selten auch dessen Ausbleiben.

Störungen mit sexuell bedingten Schmerzen

- *Dyspareunie:* wiederkehrende oder anhaltende genitale Schmerzen in Verbindung mit dem Geschlechtsverkehr.
- *Vaginismus:* wiederkehrende oder anhaltende unwillkürliche Spasmen (Krämpfe) der Muskulatur des äußeren Drittels der Vagina, die den Geschlechtsverkehr beeinträchtigen.

Häufigkeit und Verbreitung

Das Wissen über Auftreten, Häufigkeit und Verbreitung sexueller Funktionsstörungen in der Bevölkerung muss beim gegenwärtigen Kenntnisstand als unzureichend betrachtet werden. Solche Störungen sind aber unter Frauen wie Männern vermutlich weit verbreitet. In der wohl größten repräsentativen Erhebung der vergangenen Jahre, der einer Forschergruppe um Edward Laumann aus dem Jahr 1999, beklagten 32 Prozent der Frauen ein mangelndes sexuelles Interesse, 26 Prozent berichteten über Orgasmusstörungen und 21 Prozent über Lubrikationsschwierigkeiten. Dabei gaben 16 Prozent häufig damit zusammenhängende Schmerzen während des Sexualverkehrs zu Protokoll. Sexuelle Beschwerden bei Männern fallen nach Selbstauskunft kaum niedriger aus. Am häufigsten werden Erektionsstörungen in Verbindung mit Versagensängsten beim Sexualakt (etwa 30 Prozent), gefolgt von Schwierigkeiten mit einem vorzeitigen Samenerguss genannt. Die übrigen Störungen werden jeweils mit ungefähr zehn Prozent mit geringen Abweichungen nach oben und unten angegeben.

Dass die Frauen heute vor allem an Appetenzstörungen, also einem geringen sexuellen Verlangen leiden, stellt übrigens ein recht neues Phänomen dar. Forschungsarbeiten aus den 1970er Jahren zeigen, dass Frauen damals vorrangig wegen Erregungs- und Orgasmusstörungen sich bei Sexualtherapeuten meldeten. Rund 80 Prozent der Ratsuchenden konnten seinerzeit nur selten oder nie einen Orgasmus erreichen. Ende der 1990er Jahre waren es nur noch knapp 30 Prozent, mit immer weiter sinkender Tendenz. Ein Grund dafür, warum Frauen in den vergangenen Jahrzehnten ihre Sexualität offenbar zunehmend lustvoller erlebten, liegt in der verbesserten Aufklärung. Sowohl sie selbst als auch ihre Partner wissen heute besser über den weiblichen Körper bescheid.

Doch obwohl Frauen heute scheinbar öfter in den Genuss sexueller Höhepunkte kommen als noch vor 40 Jahren, haben sie paradoxerweise deutlich weniger Verlangen danach – ein Phänomen, unter dem sie offenkundig selbst leiden: Auf jeden Fall kommen sie wegen sexueller Appetitlosigkeit mit der Bitte um Hilfe zunehmend häufiger in die sexualtherapeutische Beratung. Ein abnehmendes Interesse an Sex lässt sich zwar auch bei Männern beobachten, wenngleich bei weitem nicht so häufig wie bei Frauen.

Die Suche und Analyse spezifischer Ursachen

Im Unterschied zu den Befunden der gerade erwähnten repräsentativen Befragung werden sexuelle Funktionsstörungen in der klinischen Praxis bei Ärzten und Psychologen eher seltener beobachtet. Das hat leicht nachvollziehbare Gründe: Vermittelt über die Medien wird die

Sexualität einerseits als Ausdruck eines gesunden Selbstwertgefühls mit hoher Leistungsfähigkeit verknüpft, andererseits werden sexueller Missbrauch und sexuelle Gewalt verfolgt und dabei jede Abscheu erregende Grausamkeit bis ins Detail dargestellt. Wegen dieser Ambivalenz ist es nicht erstaunlich, wenn Probleme mit der Sexualität gegenüber Psychologen und Ärzten eher selten angesprochen werden und schamhaft verdeckt bleiben.

Selbst Therapeuten neigen dazu, Probleme dieser Art zu übergehen, solange Patienten nicht von sich aus auf sie zu sprechen kommen. Andererseits wünscht sich die Mehrheit der Deutschen zwischen 40 und 80 Jahren, dass bei Problemen mit der Sexualität bereits ihr Hausarzt das heikle Thema von sich aus ansprechen sollte – so jedenfalls das Ergebnis einer repräsentativen Umfrage der Medizinischen Hochschule Hannover aus dem Jahr 2002. Aber selbst in Hausarztpraxen scheint das Thema tabu zu sein: Nur elf Prozent der Studienteilnehmer wurden jemals routinemäßig nach ihrer Sexualität befragt. Selbst viele Psychotherapie-Patienten gaben in Nachbefragungen zu, dass sie Probleme mit der Sexualität ihrem Psychotherapeuten gegenüber verheimlicht hätten.

Krisenzeit Adoleszenz

Es ist heute unbestritten, dass sich die Jugendzeit mit ihren Entwicklungssprüngen auf der Grundlage enormer hormoneller Veränderungen als besonders kritische Zeit darstellt – und zwar für beide Geschlechter. Es ist nicht weiter erstaunlich, dass die Ursprünge sexueller Funktionsstörungen von den meisten Forschern in der späten

Kindheit, Pubertät und Jugend verortet werden, wenngleich im voraus prägende, prädisponierende Faktoren in der Kindheit nicht ausgeschlossen bleiben. Als prädisponierend gelten eine mangelnde Sexualaufklärung, Informationsdefizite und – dies insbesondere – die Vermittlung völlig untauglicher sexueller Mythen, wie sie heute ständig medial verbreitet werden (besonders leicht zugängliche pornografische Filme führen zu einer Übersexualisierung auch jüngster Kinder). Hier liegen vermutlich die häufigsten Ursachen für sich dann einstellende Sexualängste, sexuelle Gehemmtheit und mangelnde partnerschaftliche Kommunikation. Dabei beeinflussen sich viele dieser Faktoren wechselseitig.

Teufelskreis Erwartungsangst

Auf diese prädisponierenden Aspekte innerpsychischer Ängste und zwischenmenschlicher Kommunikationsprobleme zurückführen lässt sich dann das eventuell erstmals ausbleibende sexuelle Verlangen – mit der häufigen Folge des Ausbleibens der Erektion oder Lubrikation. Diese Versagenserfahrung kann nun genau dann in einen Teufelskreis führen, wenn sich spezifische Erwartungsängste entwickeln, etwa beim nächsten Mal erneut zu versagen, den Partner oder die Partnerin beim nächsten Mal wieder nicht befriedigen zu können usw. Zunehmende Erwartungsängste und eine ungünstige, erhöhte Selbstaufmerksamkeit auf Erektion bzw. Lubrikation beim nächsten Versuch der erotischen Annäherung behindern und stören jedoch den üblicherweise automatisch ablaufenden Prozess der sexuellen Erregung. Angesichts dieser unangenehmen, teils als extrem belastend erlebten Erfahrungen (dass nur aufgrund der Befürchtungen paradoxerweise die Erektion oder das Feuchtwerden der Scheide dann auch tatsächlich ausbleiben) beginnen Betroffene schließlich, sexuellen Situationen grundsätzlich aus dem Weg zu gehen.

Partnerschaftserwartungen

Dieser Teufelskreis kann durch tiefer liegende Prozesse weiter angeregt und verstärkt werden. Im Hintergrund könnten unerfüllte Wünsche an den gewählten Partner virulent werden. Aus der Kindheit mitgenommene (unerfüllte) Hoffnungen, die ursprünglich auf einen Elternteil bezogen waren, können manchmal in der aktuellen Partnerschaft wiederbelebt werden, müssen dann jedoch fast zwangsläufig auch zu Enttäuschungen führen. So kann im Hintergrund der sexuellen Funktionsstörungen gelegentlich eine nicht erfolgreich gelungene Loslösung von den Eltern sichtbar werden. Als ähnlich problematisch gelten bestimmte Mythen, die Betroffene gelegentlich mit Partnerschaft verbinden: Üblicherweise weicht das Gefühl des romantisch-leidenschaftlichen Verliebtseins dem Gefühl von Vertrautheit und Zugehörigkeit. Diese eingangs dieses Kapitels bereits angedeutete zwangsläufige Veränderung der Beziehungsgestaltung kann, wenn sie nicht in dieser Weise erwartet wird, zu Paarkonflikten führen, die ihrerseits sexuelle Funktionsstörungen in Gang setzen können.

Unzureichende Kommunikation

Eine offen geführte Kommunikation über sexuelle Wünsche und Abneigungen findet bei den wenigsten Paaren statt. Oft beschränken sich Gespräche – soweit diese das sexuelle Verlangen und Begehren betreffen – auf Andeutungen, oder die Partner lassen sich vielfach nur von nonverbalen Zeichen leiten. Später wird, offenkundig einer vermeintlichen Routine folgend, immer nur wiederholt. Vielen kommt allein die Idee, dass man überhaupt über Sexualität reden kann, sonderlich und fremdartig vor. Mangelnde Kommunikation wird von Sexualtherapeuten häufig als eines der wesentlichen Hindernisse auf dem Weg zu einer befriedigenden Sexualität angesehen.

Auch die Möglichkeiten der nicht verbalen Kommunikation scheinen vielen Paaren nicht sehr vertraut zu sein oder nur sehr gelegentlich zur wechselseitigen sexuellen Stimulation eingesetzt zu werden. Formen der Zärtlichkeit wie Umarmungen, Haare-Streicheln, Händchen-Halten, Küssen und Schmusen scheinen häufig nur mit dem Beginn einer intimen Beziehung verbunden und verblassen später zur nur noch gelegentlichen Geste. Oft bestehen unterschiedliche Motive über ein Mehr oder Weniger an Zärtlichkeitsgesten, über die dann nicht gesprochen wird. Besteht eine zu große Diskrepanz in den Wünschen der Partner nach Zärtlichkeit, kommt es zu Enttäuschung und Erwartungsdruck – und das kann sexuelle Störungen befördern oder verschlimmern.

Behandlungsmöglichkeiten sexueller Störungen

Bei der Behandlung sexueller Funktionsstörungen hat sich ein paartherapeutisches Vorgehen als besonders effektiv und praktikabel erwiesen, auch wenn vermehrt einzeltherapeutische Vorgehensweisen entwickelt und überprüft werden (dies wurde nicht zuletzt durch die Entwicklung entsprechender Psychopharmaka wie Sildenafil, d. h. Viagra, begünstigt). Die allgemeinen Überlegungen zur paartherapeutischen Behandlung haben sich aus dem Prinzip des »Sensate Focus« (Sensualitätstraining) des Gynäkologen William Masters und der Psychologin Virginia Johnson entwickelt, das sie erstmals bereits 1970 publizierten. Dieser Ansatz ist dann von unterschiedlichen Arbeitsgruppen weiterentwickelt worden.

Sensualitätstraining

Als wichtige Voraussetzung für die erfolgreiche Anwendung des von Masters und Johnson auf der Grundlage des sexuellen Reaktionszyklus entwickelten Sensualitätstrainings gilt, dass das Paar zum (Wieder-)Erlernen einer befriedigenden Sexualität von sich aus motiviert ist, dass weiter keine sexuellen Nebenbeziehungen bestehen und dass die Funktionsstörungen nicht organisch bedingt sind. Ist die Partnerschaft weitgehend in Takt, können die nachfolgend dargestellten Empfehlungen und Übungen auch durch ein Paar allein und ohne Sexualtherapeuten durchgeführt werden. Sollte das einem Paar allein jedoch nicht gelingen, könnte therapeutische Hilfe in Anspruch genommen werden.

Das Sensualitätstraining gliedert sich in verschiedene Phasen, in denen das wechselseitige Streicheln und Erkunden des Körpers im Vordergrund steht. In der Sexualtherapie erfolgt zunächst ein Koitusverbot, das auch die selbst übenden Paare eine gewisse Zeit lang einhalten sollten: Die Therapie-Empfehlung besagt, dass man es mit einem Koitus erst in der letzten Phase versuchen soll, um erneute Misserfolge zu vermeiden sowie den Leistungsdruck und Erwartungsängste zu reduzieren.

Das Paar plant für die Übungen etwa drei- bis viermal in der Woche ausreichend Zeit ein. Die Partner sollten sich eine entspannte Situation schaffen und dafür Sorge tragen, dass sie nicht gestört werden. Beide bestimmen dann, welcher Partner damit beginnt, den Körper des anderen zu streicheln und zu stimulieren, um ihm oder ihr angenehme sensuelle Empfindungen zu bereiten.

In einer ersten Stufe soll sich das Paar durch Streicheln erkunden. Dabei bleiben die Genitalien und die Brust ausgespart. Außerdem ist es empfehlenswert, in dieser Phase noch keinen Orgasmus herbeizuführen. Ziel ist das gegenseitige Kennenlernen und streichelnde Liebkosen des Körpers, nicht aber eine explizit sexuelle Erregung. Der empfangende Partner sollte jedoch darauf achten, dass der streichelnde Partner keine unangenehmen Reizungen vornimmt. Er sollte dem aktiven Partner helfen, angenehme Formen des Streichelns zu finden. Und der aktive Partner könnte beobachten, welches Vergnügen es einem selbst bereiten kann, den Partner zu berühren. In den Übungen wird erst dann fortgefahren, wenn diese ersten Übungen als angenehm erlebt und erfahren werden.

In der zweiten Phase werden die Übungen fortgeführt

und die Genitalien beim Streicheln oberflächlich einbezogen. Auch hier ist nicht das Ziel, eine Erregung zu provozieren. Erfolgt diese, kann kurz pausiert werden.

In der dritten Phase werden die Genitalien ausdrücklich einbezogen, jedoch mit dem vorrangigen Ziel des Kennenlernens und Akzeptierens des Körpers.

Erst in der vierten Phase wird der gesamte Körper gestreichelt, um sexuelle Erregung zu erreichen.

Die fünfte Phase beinhaltet die Einführung des Penis in die »stille Vagina«. Dabei übernimmt die Frau die Führung, führt den Penis in die Scheide ein, aber eine rhythmische Bewegung unterbleibt noch. Der Penis verbleibt so lange in der Scheide, bis die Erregung verschwindet.

Erst in der letzten, der sechsten Phase beginnt das Paar, mit Lust und Erregung zu experimentieren.

Die Paarbeziehung während des Sensualitätstrainings

In den meisten der aktuell zur Anwendung kommenden Behandlungsprogramme ist der Rückbezug auf das beschriebene Sensualitätstraining von Masters und Johnson nach wie vor unverkennbar vorhanden. Immer wird dabei die sexuelle Problematik als Beziehungsproblem betrachtet und vom Paar gemeinsam behandelt, und zwar selbst dann, wenn die sexuelle Funktionsstörung nur bei einem Partner vorliegt. Paare sollten deshalb vor, während und nach den Streichelübungen versuchen, eine möglichst angstfreie Kommunikation über sexuelle Wünsche und sexuelles Begehren einzuüben.

Der Mann und die Frau sollten sich für die im Sensualitätstraining beschriebenen Übungen Zeit nehmen, sich aber nicht durch sie hindurchquälen. Ist etwas unangenehm, sollen sie das ändern, zum Beispiel durch Hinweise, anders zu streicheln, durch das Setzen von Grenzen, das Äußern von Wünschen, also überhaupt durch wechselseitig hilfreiches Sprechen über gemachte Erfahrungen. Mit anderen Worten: Jeder soll für sich selbst Verantwortung übernehmen und nicht nur dem anderen oder der anderen etwas zuliebe tun oder gar ertragen.

Es sollte nicht unbegrenzt gestreichelt werden, sondern nur für eine bestimmte Zeit, beispielsweise für fünf Minuten, nach denen gewechselt oder die Übungen beendet werden. Auch gilt für die Zeit des Übens, in denen die Übungen noch keinen Koitus vorsehen, dass möglichst auch außerhalb der vereinbarten Übungszeiten kein Koitus angestrebt werden sollte. Es geht also insgesamt nicht darum, ein Idealbild, wie sexuelle Interaktion sein sollte, zu inszenieren, sondern vielmehr darum, die alten und eingefahrenen Rituale der Vermeidung sowie der Konzentration auf Ängste und Konflikte aufzubrechen und neue, angenehme Erfahrungen zu ermöglichen.

Spezifische weitere Möglichkeiten

Zur Behandlung spezifischer Störungen wurden weitere Techniken entwickelt. Im Mittelpunkt von Übungen, die nach den Streichelübungen beginnen können, stehen beispielsweise Versagensängste von Männern mit Erektionsstörungen oder die belastende Erfahrung, keine Kontrolle über einen zu früh einsetzenden Orgasmus zu besitzen.

Behandlung bei Erektionsstörungen Wie bereits beschrieben, sind Versagensangst, die Flucht in eine Beobachterrolle, aber auch schlichte Unkenntnis über das sexuelle Funktionieren mitverantwortlich für mögliche Erektionsstörungen. Nach den Streichelübungen ist vom Mann vielleicht schon die Erfahrung gemacht worden, dass sich Erektionen spontan entwickeln. Sollten Erektionsschwierigkeiten jedoch weiterhin bestehen, kann im Anschluss an das Sensualitätstraining die Erfahrung gemacht werden, dass sich eine abgeklungene Erektion durch angemessene Stimulierung erneut einstellen kann. Das Vorgehen wird von Sexualtherapeuten als *Teasing-Technik* bezeichnet.

Durch Teasing-Übungen lassen sich die Versagensängste des Mannes weiter verringern, um damit sexuelle Sicherheit zurückzugewinnen. Das Paar sollte dazu mit manuellen Techniken, wie zum Beispiel Streicheln und zärtlichen masturbatorischen Bewegungen, versuchen, eine Erektion herbeizuführen. Nach erfolgreicher Stimulierung folgt eine kurze Pause, in der sich der Mann entspannen kann. Dann erfolgt eine erneute liebevolle Stimulierung, um erneut eine Erektion zu erreichen. Durch den wiederholten Wechsel zwischen zärtlich stimulierter Erektion und Entspannung gewinnt der Mann die Sicherheit zurück, erektionsfähig zu sein.

Nach einigen Übungen mit der manuellen Stimulierung könnte sich ein Koitus-Versuch anschließen. Dazu hockt sich die Partnerin über den Partner, so dass sich sein Penis nahe der Vagina befindet. Nun kann sie mit der zärtlichen Stimulierung des Penis beginnen. Hat sich eine Erektion eingestellt, kann sie den Penis langsam in die Vagina einführen. Dies sollte durch die Frau vorgenommen werden, denn dies ist nicht nur unkomplizierter, sondern der Mann wird zugleich seiner Verantwortung und hinderlichen Selbstkontrolle enthoben. Auch diese Übung kann einige Male wiederholt werden. Erst dann, wenn eine gewisse Sicherheit mit der Einführung des erigierten Penis besteht, kann die Frau mit langsamen Beckenbewegungen beginnen. Fordernde Beckenbewegungen sollten jedoch während der Übungszeit unterbleiben. Während der wiederholten Übungen könnte der Mann versuchen, sich mit seiner Aufmerksamkeit auf das zu konzentrieren, was für ihn in dieser Situation erotisch erregend ist. Erst später kann auch er mit zurückhaltenden Beckenbewegungen beginnen.

Behandlung bei vorzeitigem Samenerguss Manche Männer leiden unter der Erfahrung, keinerlei Kontrolle über den Orgasmus zu besitzen, und zwar insbesondere dann, wenn der Samenerguss bereits vor oder kurz nach dem Einführen des Penis in die Vagina erfolgt. Auch für dieses Problem wurden Übungen von Masters und Johnson im Rahmen des Sensualitätstrainings erprobt und beschrieben. Im Mittelpunkt der Übungen steht die so bezeichnete *Squeeze-Technik*: Dabei wird mit Fingern ein spezieller Druck auf den Penis ausgeübt, mit dem der Mann zunächst lernt, den Zeitpunkt genau wahrzunehmen, von dem an der Ejakulationsprozess unwillkürlich abläuft. Weiterhin erwirbt er die Fähigkeit, bereits vor diesem Zeitpunkt den Ejakulationsprozess unter Kontrolle zu bringen.

Üblicherweise wird die Squeeze-Technik in eine besondere Art des partnerschaftlichen *Pettings* (also der Erregung unter Zuhilfenahme der Hände) eingebettet. Die

Partnerin setzt sich dazu am besten mit dem Rücken gegen eine Wand oder die hohe Lehne einer Couch. Der Mann liegt auf dem Rücken mit dem Unterkörper zwischen den Beinen der Frau und legt die Beine über ihre. Nun kann die Frau den Penis des Mannes zärtlich stimulieren. Mit zunehmender Erregung informiert der Mann die Partnerin rechtzeitig darüber, dass der Drang zur Ejakulation ansteigt. In dieser Phase kommt die Squeeze-Technik zum Einsatz. Diese kann durch ihn selbst oder die Partnerin durchgeführt werden, indem jetzt mit Daumen und Zeige- und Mittelfinger für drei bis vier Sekunden leichter Druck auf die Eichel ausgeübt wird: Der Daumen auf dem *Frenulum* (d.h. auf dem Vorhautbändchen) und der Zeige- und Mittelfinger gegenüberliegend auf der *Glans* (d.h. auf der Eichel) werden gegeneinandergedrückt. Durch diesen Druck verliert der Mann den Drang zur Ejakulation.

Nach einer Zeit der Entspannung, die etwa dreißig Sekunden bis zu einer Minute dauern kann, kann die Frau den Penis erneut stimulieren. Squeeze-Technik und Stimulation sollten im Wechsel bis zu 20 Minuten lang angewendet werden. In der Selbstanwendung kann der Mann erkunden, wie stark der Druck der Squeeze-Technik angewandt werden muss, um die Ejakulation zu unterdrücken. Späterhin kann er die Frau anleiten, einen entsprechenden Druck auszuüben.

Die nächsten Übungsschritte bestehen darin, den Penis in die Scheide einzuführen und ihn dort zunächst passiv ruhen zu lassen. Dazu liegt der Mann auf dem Rücken, während die Frau über ihm liegend den Penis in die Scheide einführt. Ohne Beckenbewegungen soll sich der Mann an das Gefühl gewöhnen, den Penis in der Vagina zu haben. Wird der Ejakulationsdrang größer, kann erneut die Squeeze-Technik angewendet werden, um dann anschließend den Penis erneut in der Vagina ruhen zu lassen. Gelingt die Übung des passiven Ruhens in der Vagina, kann der Mann langsam mit Beckenbewegungen beginnen, zunächst jedoch immer nur gerade so viele, dass die Erektion erhalten bleibt. Erst dann, wenn sich der Mann der Kontrolle der Ejakulation sicher ist, kann auch die Frau Beckenbewegungen ausführen.

Mit etwas Übung kann der Mann später die Unterbrechung des Ejakulationsdranges mental steuern und kommt ohne manuellen Druck aus. Empfehlenswert ist, dass beide Partner anschließend mit einer seitlichen Koitusstellung weiterüben, denn in dieser Stellung lässt sich beiderseits der Erregungsgrad besser kontrollieren. Der Mann kann so – sobald seine sexuelle Erregung zu sehr ansteigt – auch seine Beckenbewegungen oder die koitale Verbindung zeitweilig leichter unterbrechen. Wenn beide Partner es wünschen, kann die Frau den Mann gegen Ende der jeweiligen Übungen bis zum Orgasmus stimulieren.

Behandlung bei Vaginismus der Frau Beim Vaginismus handelt es sich in aller Regel um eine psychisch bedingte Verkrampfung der Scheiden- und Dammmuskulatur. Er kann sich als Reaktion auf den realen oder vorgestellten Versuch einstellen, etwas in die Scheide einzuführen. Er tritt in unterschiedlichen Schweregraden auf, zum Beispiel können Tampons eingeführt werden, nicht aber ein Penis. Sehr selten ist keinerlei Eröffnung möglich. Eine der häufigsten Ursachen ist die Angst vor oder Erwartung von Schmerzen beim Koitus. Die Behandlung zielt deshalb darauf ab, ganz allmählich eine Einführung von zunächst Penisersatzstiften bis später hin zum Penis selbst angstfrei erleben zu können.

Üblicherweise kommen dazu zunächst sogenannte Hegarstifte zum Einsatz, die in Spezialgeschäften für medizinische Geräte erhältlich sind und die als solche ebenfalls bereits in die ursprüngliche Sexualtherapie von Masters und Johnson integriert waren. Meistens wird ein Satz von fünf Hegarstiften ansteigender Dicke von 10 bis 26 Millimetern benutzt. Diese Stäbe sind aus Stahl, innen hohl, der Form der Vagina angepasst und können leicht erwärmt und desinfiziert werden.

Bevor mit entsprechenden Übungen begonnen wird, hat es sich als zusätzlich hilfreich erwiesen, dass die Frau – falls sie Schwierigkeiten hat, sich selbst zu entspannen – ein Entspannungsverfahren wie zum Beispiel das autogene Training erlernt. Die Übungen jedenfalls sollten in entspanntem Zustand beginnen, in dem sie allein oder in Gegenwart des Partners ihren kleinsten Hegarstift behutsam in die Scheide einführt. Zuvor sollte dieser mit der Hand erwärmt und mit einem Gleitmittel eingerieben worden sein. Ist der Stift weit genug eingeführt, sollte er zehn bis fünfzehn Minuten in der Scheide verbleiben, während die Frau sich entspannt. Bereitet ihr die Einführung des Stiftes keine Schwierigkeiten mehr, benutzt sie in den nächsten Tagen nach und nach die weiteren Stifte, und zwar jeweils bis zur Gewöhnung an diesen immer nur den nächstdickeren.

Häufig haben Frauen mit Vaginismus eine unrealistisch überhöhte Vorstellung von der Penisgröße ihres Partners. Um einen realistischen Bezug zu bekommen, kann es empfehlenswert sein, Größe und Umfang des erigierten Penis ihres Partners zu messen und beide Werte mit den Hegarstiften zu vergleichen. Als Alternativen zu Hegarstiften können auch andere auf dem Markt befindliche Vaginaltrainer benutzt werden. Die Übungen selbst werden von den meisten Frauen nicht als unangenehm erlebt, weil sich alles selbst kontrollieren und steuern lässt. Empfehlenswert ist es weiter, die Übungen recht früh in das oben beschriebene Sensualitätstraining einzubeziehen, in dem sich das Paar ja erst ganz allmählich und behutsam auf den späteren Koitus vorbereitet.

Behandlung ohne Partner? Auch wenn das Grundkonzept der Behandlung sexueller Funktionsstörungen die Arbeit mit zwei Partnern vorsieht, sind natürlich auch Fälle denkbar, in denen es sinnvoll oder erwünscht ist, nur die Person zu behandeln, die über eine sexuelle Störung klagt. Für Sexualtherapeuten jedenfalls kann etwa die Einzelfallbehandlung dann notwendig werden, wenn kein Partner oder keine Partnerin vorhanden ist. Welches therapeutische Vorgehen auch immer gewählt wird: Wichtig ist es allen Sexualtherapeuten, die jeweils behandelte Person auf dem Weg zu der ihr – und nur ihr – eigenen Sexualität zu begleiten und zu unterstützen.

Die Sinne füreinander schärfen

Nach allem vorliegenden Wissen kann heute davon ausgegangen werden, dass eine sexuelle Funktionsstörung um so leichter zu behandeln ist, je später im oben beschriebenen sexuellen Reaktionszyklus die Störung auftritt. Das gilt beispielsweise für die Erregungs- und Orgasmusstörungen. Als entsprechend schwieriger zu beeinflussen gelten jedoch die Appetenzstörungen, also die verminderte oder nicht vorhandene sexuelle Lust. Da sie häufiger bei Frauen zu beobachten ist, glaubte man lange Zeit, dass sich Frauen schlicht weniger stark durch Schlüsselreize sexuell erregen lassen als Männer. Deshalb empfanden sie auch seltener Lust. Dem jedoch ist nicht so.

Einigen neueren Studien zufolge reagieren nämlich Frauen auf sexuell anregende Bilder oder Videos sehr wohl körperlich, sie unterscheiden sich gelegentlich schlicht darin von Männern, ob sie das Gesehene auch als sexuell erregend bewerten. Die Bewertung emotionalen Erlebens und die spontanen körperlichen Reaktionen liegen also mitunter weit auseinander. Außerdem stimmte die eigene Einschätzung der Erregung mit den organisch nachweisbaren Anzeichen sexueller Reaktionen immer dann gut überein, wenn die Frauen sich insgesamt als zufrieden mit ihrer Sexualität bezeichneten. Lustlose und mit ihrer Sexualität unzufriedene Frauen nahmen hingegen jene sexuellen Erregungen kaum wahr, die sich körperlich aber sehr wohl eingestellt hatten.

Insbesondere eine Untersuchung der kanadischen Sexualtherapeutin Rosemary Basson aus dem Jahr 2007 hat darauf aufmerksam werden lassen, dass das auf dem linearen Zyklusmodell von Masters und Johnson aufbauende Sensualitätstraining möglicherweise zu kurz greift, weil es die Appetenz (also die Lust aufeinander) bereits voraussetzt. Das mag bei den meisten Männern auch »funktionieren«, nicht jedoch immer bei Frauen. Den Ergebnissen von Rosemary Basson zufolge jedoch motiviert viele Frauen nicht das eigene Begehren zum Sex, sondern vielmehr der Wunsch, dem Partner zu gefallen, Intimität herzustellen oder sich geliebt zu fühlen. Die Lust stelle sich dann erst im Verlauf einer gelungenen Phase allmählicher Annäherung ein bzw. folgt häufig erst im Zuge der körperlichen und emotionalen Zuwendung. Wird Sex dann jedoch als positiv erlebt, haben Frauen auch mehr Lust auf weitere Abenteuer. Das frauliche Begehren ist also anscheinend mehr von den stimmigen Rahmenbedingungen abhängig als das sexuelle Verlangen der Männer.

Liegen also Appetenzstörungen vor, sollte sich das Paar fragen, wie gut es um die Qualität der Partnerschaft im Allgemeinen bestellt ist. Vielleicht könnte es wegen andauernder Streitigkeiten, vielfältiger sonstiger Belastungen oder negativer Erfahrungen miteinander in Bereichen außerhalb der Sexualität notwendig werden, vor der Behandlung sexueller Funktionsstörungen einen Paartherapeuten für die Behandlung partnerschaftlicher Konflikte zu konsultieren. Gar nicht selten wird von Paartherapeuten berichtet, dass sich die sexuelle Lust aufeinander wie von selbst wieder eingestellt habe, nachdem Konflikte und Probleme in anderen Bereichen hinreichend und zufriedenstellend aufgearbeitet wurden. Darauf soll abschließend kurz eingegangen werden.

Partnerschaft und Kommunikation

Vor allem vor der sexualtherapeutischen Behandlung bei einem Psychotherapeuten wird es notwendig werden, alle sonstigen Probleme des Paares paartherapeutisch zu behandeln, die den sexuellen Bereich im Sinne der oben dargestellten Ursachen und Hintergründe ungünstig beeinflussen. In den Mittelpunkt der Behandlung rücken dazu häufig Aspekte wie mangelnde Selbstsicherheit oder geringes Selbstwertgefühl, Probleme mit der Akzeptanz des eigenen Körpers, Übergewicht, übermäßiger Stress im Beruf, Konflikte in der Partnerschaft oder Schwierigkeiten mit der generellen Lebensplanung. Dabei gilt es insbesondere zu beachten, welche Bedeutung die sexuelle Symptomatik jeweils für die Patienten und für die Partnerschaft hat.

Partnerschaftsprobleme: Ursache oder Folge? In den Ausarbeitungen der Sexualforscher und Sexualtherapeuten finden sich immer wieder Beobachtungen, dass die Kommunikation von Paaren, bei denen einer von beiden unter sexuellen Funktionsstörungen leidet, im Verhalten der Partner zueinander häufiger negativ (z. B. Kritik, Abwertungen, Genervtheit, schlechtes Zuhören usw.) als positiv (z. B. Zustimmung, Interesse füreinander, Komplimente, Zuwendung) ist. Oft ist es jedoch schwierig, genauer herauszufinden, welche Aspekte dieser negativen Kommunikation im Zusammenhang mit der sexuellen Störung stehen oder ob die Probleme mit der Sexualität Folge oder Abbild einer niedrigen Partnerschaftsqualität sind.

Eine Verschlechterung der Partnerschaftsbeziehung kann also bereits vor der sexuellen Problematik eingesetzt und zu deren Entstehung beigetragen haben oder aber Folge der Sexualstörung sein. Auf jeden Fall findet sich nicht gerade selten bei Vorhandensein einer sexuellen Funktionsstörung eine Abnahme der emotionalen Verbundenheit: Der Wunsch nach Dauerhaftigkeit und Bestand kann eingeschränkt sein.

Dabei ist inzwischen durch Forschungsarbeiten gut belegt, dass gerade bei psychischen Problemen in der Partnerschaft der Partner oder die Partnerin als Unterstützungsquelle eine noch größere Rolle spielt als im normalen Alltag von Paaren ohne psychische Auffälligkeit oder Störung. Treten Probleme auf, wird in der Regel beim Partner oder bei der Partnerin als der zuerst und am häufigsten gewählten Person um Hilfe nachgesucht. Die jeweiligen Partner werden als wichtigste Bezugspersonen beschrieben, sogar in Partnerschaften mit niedriger Partnerschaftsqualität – und auch unabhängig vom Geschlecht.

Wege zu einer befriedigenden Partnerschaft Nicht gerade wenige Psychotherapeuten berichten davon, dass sich viele Probleme in der sexuellen Beziehung von Paaren fast wie von selbst aufgelöst hätten, nachdem es den Paaren gelungen sei, zu einer für beide befriedigenden Umgangsweise und Kommunikation zurückzukehren oder eine solche erstmals zu finden. Untersucht man Beziehungen in glücklichen und stabilen Partnerschaften, dann sind diese durch folgende Merkmale charakterisiert:

1. emotionale Verbundenheit/Liebe/Intimität,
2. Wunsch nach Langfristigkeit oder Dauerhaftigkeit,
3. Verbindlichkeit und Engagement für die Beziehung,
4. angemessene Kompetenzen bezüglich Kommunikation, Problemlösung und gemeinsamer Bewältigung von Belastungen.

Gerade die Art und Weise, wie sich in Belastungssituationen Partner wechselseitig zur Seite stehen, hängt eng mit der Qualität der Partnerschaft zusammen. Sind entsprechende Voraussetzungen erfüllt, berichten die Paare üblicherweise auch von einer für beide Seiten befriedigenden Sexualität.

In neueren Forschungsarbeiten haben sich insbesondere die gemeinsame Bewältigung von schwierigen Zeiten sowie der Umgang mit Stress und Belastungen als noch bedeutsamer erwiesen als die Eigenarten der Kommunikation. Dies scheint deshalb der Fall zu sein, da sich partnerschaftliche Bindungen dann vertiefen können, wenn man Extrembelastungen gemeinsam durchsteht. Denn in solchen Fällen geht es um die Unterstützung durch den anderen sowie um die Erfahrung, dass der andere für einen da ist, wenn man ihn braucht, oder dass er sich grundsätzlich für das Leben des Partners interessiert und man sich auf ihn verlassen kann.

Partnerschaftliche Stressbewältigung bedeutet aber auch, dass man persönliche negative Erfahrungen miteinander teilt, sich in seinen Schwächen, Ängsten, seiner Traurigkeit und Inkompetenz begegnet und dennoch zueinander steht. Erst auf diese Weise wird echte Intimität und Verbundenheit möglich, und beide Partner können einander ohne Masken und ehrlich begegnen.

Kapitel 5
Sexuelle Devianz und die Störungen der Sexualpräferenz

Unglücklicherweise hatte Sigmund Freud (1856–1939) in seinen *Drei Abhandlungen zur Sexualtheorie* (vgl. Kapitel 2) den zu seiner Zeit unter Psychiatern und in der Rechtsprechung gebräuchlichen Begriff der »Perversion« für die Kennzeichnung sexueller Abweichungen aller Art übernommen – und dies, obwohl er selbst strikt der Ansicht war, dass nicht gleich jede eigenwillige oder ungewöhnliche sexuelle Neigung oder Präferenz eines Menschen als psychisch gestört zu bewerten sei.

Sexuelle Abweichung: früher und heute

Im Sinne der auf Freud zurückgehenden psychoanalytischen Auffassung werden sexuelle Perversionen als Folge einer »fixierten« oder »gehemmten« psychosexuellen Entwicklung angesehen. Entsprechend wird jedes Kind mit einem starken sexuellen Trieb geboren, der im Fall »perverser Fehlentwicklungen« jedoch nicht seinen sozial angemessenen Ausdruck finden kann. Zu Beginn seines Lebens erscheine jedes Kind irgendwie »polymorph pervers«, das heißt »verdreht« in vielfältigen Formen und verschiedenen Entwicklungsstadien – ein diffus-mehrdeutiger Ausgangszustand, der dann kulturell in die »rechte Bahn« zu lenken sei.

Ein Entwicklungsprozess in Richtung einer reifen Sexualität kann nun in der Weise gestört oder deviant verlaufen, dass es zu einer, zumeist erziehungsbedingten »Fixierung« kommt. Gemeint ist damit das Festhalten an unreifen und kindlichen Ausdrucksformen ungelenkter Sexualität. Der Mensch bleibt dann bis in das Erwachsenenalter hinein »unreif« und gehört damit zum Kreis der »perversen« Personen.

Freizügigkeit und Ausgrenzung

Diese psychoanalytische Auffassung fand bald weite Anerkennung und hatte erheblichen Einfluss auf die Kindererziehung in Europa und Nordamerika. Auch hat diese Entwicklung ihren eigenen positiven Beitrag zur Liberalisierung der Auffassungen gegenüber der menschlichen Sexualität geleistet – indem sie eine freizügigere Sexualerziehung beförderte.

Im Gegenzug allerdings hat sie zur weiteren Ablehnung und Stigmatisierung vermeintlich »perverser« Handlungen beigetragen. Verhalten sich Menschen »pervers«, indem sie etwa ungewöhnliche fetischistische oder transvestitische Vorlieben entwickeln, wurden und werden sie inzwischen sogar in weiten Teilen der Bevölkerung ganz allgemein als psychisch gestört angesehen – dies übrigens einschließlich der (durch die Psychoanalyse beförderten) Annahme, dass irgendetwas in der elterlichen (Sexual-)Erziehung falsch gelaufen sein muss. Das Herausstellungs- bzw. Stigmatisierungsproblem und die damit mögliche Ablehnung, die bis zur Ausgrenzung von Menschen gehen kann, betrifft nicht nur die vermeintlich »Perversen«, sondern reicht häufig bis in die Familien der Betroffenen hinein.

Deshalb dürfte es sich selbst heute noch für viele Fachleute etwas erstaunlich ausnehmen, wenn auch wir in diesem Buch, nunmehr auf der Grundlage empirischer Forschungsarbeiten, die meisten Personen mit sexuell von der Normalität abweichenden fetischistischen, transvestitischen oder sexuell-masochistischen Neigungen – jedenfalls in bezug auf ihre sexuellen Präferenzen – ausdrücklich von jeglicher Art psychischer Gestörtheit ausnehmen werden.

Nur die Tatsache, dass sich bei einer kleineren Untergruppe von Sexualstraftätern immer wieder vermeintlich abweichende sexuelle Neigungen und Interessen finden lassen, verführte lange Zeit zu der Annahme, diese abweichenden sexuellen Präferenzen seien mit psychischer Gestörtheit gleichzusetzen. Man vermutete, dass diese sexuellen Präferenzen prinzipiell das psychisch bedingte Risiko zur Sexualdelinquenz einschlossen. Dieser Rückschluss jedoch ist schlicht falsch. Er würde in konsequenter Anwendung nämlich auch bedeuten, dass man schlussendlich auch die Heterosexualität und normale sexuelle Neigungen und Interessen als psychische Störungen definieren müsste, werden doch die meisten sexuellen Gewalttaten von heterosexuellen Personen mit zugleich normal anmutenden sexuellen Präferenzen verübt.

Normalität und Abweichung

Das, was die Gesellschaft ablehnt, ist in erheblichem Ausmaß davon abhängig, was in der Sexualwissenschaft, in der Psychiatrie und in der Psychologie als nicht normal, psychisch gestört oder sogar als krankhaft angesehen wird.

Wir haben es mit einem sorgsam zu bedenkenden Teufelskreis der Wechselwirkungen sozial-gesellschaftlicher und wissenschaftlicher Beurteilungsprozesse zu tun. Dass sexuelle Neigungen und Vorlieben persönliches Leiden verursachen können, ist nicht weiter erstaunlich, führt man sich vor Augen, welches Stigma mit den »Perversionen« inzwischen verbunden ist. Versucht man, die Fachliteratur zu den Perversionen einmal mit den Augen der Betroffenen zu lesen, ist es auch nicht weiter verwunderlich, dass diese Ängste entwickeln, wenn sie gelegentlich völlig unreflektiert mit Kindsmissbrauchern, Vergewaltigern und Sexualmördern in eine Reihe gestellt werden. Verwunderlich ist auch nicht, welche Abscheu vor sich selbst viele Menschen nur deshalb entwickeln, weil sie wissenschaftlich vertretene Ansichten auf sich selbst anwenden und im Anschluss dann glauben, zum Kreis der vermeintlich Pervertierten zu gehören.

Inzwischen haben sich die meisten Wissenschaftler einer nüchternen Einstellung gegenüber der Vielfalt sexueller Präferenzen und einer behutsamen Beachtung der Gefahren einer Stigmatisierung angeschlossen. Viele haben Begriffe wie »Perversion« oder »sexuelle Anomalie« vollständig aus ihrem Vokabular gestrichen. Nun schaffen Sprachregelungen und Definitionen natürlich nicht zwangsläufig neue Realitäten, doch ziehen sie oft Konsequenzen nach sich. In diesem Zusammenhang bleibt es aber natürlich fraglich, ob die neu eingeführten psychiatrischen Diagnosebegriffe der (synonym gebrauchten) »Paraphilien« bzw. »Störungen der Sexualpräferenz«, die den Begriff »Perversionen« abgelöst haben, tatsächlich etwas an der unreflektierten Gleichsetzung von beliebigen und lediglich statistisch normabweichenden sexuellen Präferenzen mit »psychischer Gestörtheit« oder »Krankheit« ändern können. Denn auch die Festlegung und Definition von Paraphilien in den aktuellen Diagnosesystemen begründet sich immer dadurch, dass sie – gemessen an kollektiven Grundauffassungen über sexuelles Begehren und seine Befriedigung – deutliche Merkmale einer Abweichung von einer gesellschaftlichen Norm aufweisen.

Diese Sichtweise verschließt sich jedoch *erstens* gegenüber den Möglichkeiten, die *rekreativen* (also die funktional auf Erholung und Beziehung ausgerichteten) und *produktiven* (also die funktional auf Vermehrung ausgerichteten) Aspekte der Sexualität zu erfassen und angemessen zu würdigen. Und sie wird deshalb *zweitens* nicht unbedingt eine Entsprechung in einer subjektiven Norm finden, darf und muss diese Entsprechung gelegentlich auch gar nicht implizieren.

Die Ziele menschlicher Sexualität

Wohl im Unterschied zu anderen Säugetieren dient die Sexualität dem Menschen vorrangig zur Entspannung und der intimen Erholung in der Partnerschaft, auch wenn sie manche Kirchenfürsten und in einigen Ländern die Staatsgewalt früher bis gelegentlich heute noch auf den Aspekt der Fortpflanzung einzugrenzen versuchen. Der sexuelle Trieb lässt zwar in der Regel beim Mann ab dem 25. und bei der Frau ab dem 30. Lebensjahr ganz allmählich nach, bleibt aber dennoch bis ins hohe Alter bestehen – bei der Frau also auch weit über die Menopause (also nach Aufhören der regelhaften Monatsblutungen in den Wechseljahren) hinaus. Die menschliche Sexualität unterscheidet sich von der der meisten Tierarten weiterhin durch die Tatsache, dass eigentlich fast durchgängig sexuelle Lust angeregt und gelebt werden kann. Und wiederum betrifft dies beide Geschlechter. Schon aus diesen Gründen kann sie nicht allein dazu gedacht sein, ausschließlich der Zeugung zu dienen.

Einige Forscher gehen sogar so weit, zu bezweifeln, dass die Sexualität überhaupt nur allein der Fortpflanzung dient. Immerhin gibt es zahlreiche Lebewesen, die sich ungeschlechtlich durch Teilung oder Sprossung oder durch Jungfernzeugung fortpflanzen. Die geschlechtliche Fortpflanzung ist damit verglichen ziemlich kompliziert und krisenanfällig. Insgesamt betrachtet ist sie also womöglich gar nicht das Hauptziel der Sexualität, sondern eher ein Nebenprodukt – einmal abgesehen davon, dass genitale Sexualität völlig losgelöst von jeder Bindung zusätzlich noch als eigenes Phänomen vorkommt und in gleicher Weise erholsame Wirkungen zeitigen kann wie das intime Beisammensein mit einem festen Partner.

Weiterhin scheint es etwas spezifisch Menschliches zu sein, dass die Sexualität als Erotik in verschiedenen Kulturen zu einer lustvollen Kunst sinnlicher Erfahrung gewandelt wurde. Folgt man den Beschreibungen und den zur Anleitung hinzugefügten Bildern oder Gemälden des Tantra und des Taoismus, so ermöglicht sie Ekstase und sogar spirituelles Wachstum. In den hinduistischen Texten des Kamasutra sind die unterschiedlichsten Positionen des Geschlechtsverkehrs beschrieben, die der Steigerung der sexuellen Lust dienen, aber auch zur Festigung der Beziehung beitragen sollen. Mit dem Aufkommen der monotheistischen jüdisch-christlich-islamischen Religionen ist diese unzweideutige Wertschätzung der Sexualität zunächst verloren gegangen.

Störungen der Sexualpräferenz heute

Mit den Bezeichnungen »Störung der Sexualpräferenz« bzw. »Paraphilie« wird behauptet, dass eine Abweichung (*para*) im Objekt vorliegt, von welchem der Betroffene angezogen wird (*philie*). Diese Abweichung muss – um als Störung diagnostiziert zu werden – als so hochgradig intensiv erlebt oder phantasiert werden, dass sie das alltägliche Handeln ungünstig beeinflusst. Außerdem muss sie mindestens seit sechs Monaten bestehen. In solchen Fällen wird die Sexualpräferenz zumeist von den Betroffenen selbst als Beeinträchtigung ihres Lebens erlebt, und das genau rechtfertigt die Diagnose einer sexuellen Störung. Auf der Ebene des Verhaltens gesehen ist eine solche Störung der Sexualpräferenz am besten zu beschreiben als sexueller Drang nach einem unüblichen Sexualobjekt oder nach unüblicher sexueller Stimulierung.

Folgende Paraphilien werden in den heute verwendeten Diagnosesystemen aufgeführt:

Fetischismus Gebrauch gegenständlicher Objekte als Stimuli für die sexuelle Erregung (z. B. Kleidungsstücke oder Schuhe, Materialien aus Gummi, Plastik oder Leder).

Transvestitismus Neigung oder Vorliebe, Kleidungsstücke des anderen Geschlechts zu tragen und sich mit diesen öffentlich zu zeigen.

Exhibitionismus Entblößen der eigenen Geschlechtsteile in der Öffentlichkeit gegenüber einem ahnungslosen Fremden zumeist des anderen Geschlechts.

Voyeurismus Drang oder das Verhalten, anderen Menschen heimlich bei sexuellen Aktivitäten oder Intimitäten wie z. B. beim Entkleiden zuzusehen.

Frotteurismus Berühren und Sich-Reiben an Personen, die mit der Handlung nicht einverstanden sind.

Sexueller Masochismus realer, nicht simulierter Akt der Demütigung der eigenen Person, des Geschlagen- und Gefesseltwerdens oder das bereitwillige Hinnehmen von Handlungen, die auf sonstige Weise mit sexuell erregendem Leiden verbunden sind.

Sexueller Sadismus reale, nicht simulierte Handlungen, in denen das psychische oder physische Leiden (einschließlich der Demütigung) des Opfers für die Person sexuell erregend ist.

Pädophilie sexuelle Aktivität mit oder vor einem vorpubertären Kind oder Kindern, die sich zumeist in der Vorpubertät oder im frühen Stadium der Pubertät befinden, oder entsprechende Phantasien.

Ab wann ist die Paraphilie eine psychische Störung?

Der unter Psychoanalytikern nach wie vor gebräuchliche Fachterminus »Perversion« sollte wegen seiner Bedeutungsüberhänge nach Möglichkeit nicht mehr benutzt werden, weil er viele abweichende und dennoch als verbreitet geltende Sexualpraktiken zu schnell und leichtfertig in den Bereich krankhafter Abweichung rückt. Nicht nur das Beispiel Homosexualität – die bis vor wenigen Jahren noch in den Diagnosesystemen wie ICD oder DSM unter der Überschrift »Perversionen« immer an erster Stelle geführt wurde – zeigt, dass die gesellschaftlich wie psychiatrisch definierten Paraphilie-Merkmale der »Abweichung«, der »psychischen Störung« wie schließlich sogar jene der »Delinquenz« unter historischer Perspektive offensichtlich einem kontinuierlichen Wandel unterliegen, der sich jeweils auch *aktuell* bemerkenswert unmerklich vollzieht.

So können bereits heute erneut, etwa 40 Jahre, nachdem die Homosexualität aus den Diagnosesystemen gestrichen wurde, auf Grundlage sexualwissenschaftlicher Forschungsarbeiten aus dem Paraphilie-Bereich problemlos drei weitere sogenannte Störungen der Sexualpräferenz gestrichen werden, nämlich der Fetischismus, der Transvestitismus und der in wechselseitigem Einvernehmen gelebte sexuelle Sadomasochismus.

Der wichtigste Grund besteht darin, dass paraphile Verhaltensweisen so lange *keine* psychischen Störungen darstellen (auch nicht im Sinne der Diagnosesysteme), wie die Betroffenen nicht selbst unter ihrem Drang zur Ausübung sexueller Praktiken leiden und/oder nicht die Freiheitsrechte anderer Menschen verletzt und eingeschränkt werden. Das ist bei den drei genannten Paraphilien der Fall: Beim Fetischismus, dem Transvestitismus und dem wechselseitig akzeptierten Sadomasochismus sind also für eine Diagnosevergabe nicht die gesellschaftlichen Moralvorstellungen bzw. die Frage maßgeblich, ob man selbst unter den sexuellen Neigungen leidet oder ob durch sexuelle Handlungen die sexuelle Selbstbestimmung anderer eingeschränkt wird. Liegt ein solcher Fall also nicht vor, wird sogar aus extrem ausgeprägten Vorlieben keine Paraphilie mit Behandlungswert. So haben beispielsweise die Befürworter eines wechselseitig einvernehmlich ausgeübten Sadomasochismus vor dem Europäischen Gerichtshof für Menschenrechte dergestalt Recht bekommen, dass ihnen keine juristische Instanz und auch kein Psychotherapeut mehr unerlaubt oder stigmatisierend Vorschriften machen darf.

Aus diesem Grunde habe ich kürzlich für den in wechselseitiger Zuneigung ausgeübten Sadomasochismus eine eigene Bezeichnung eingeführt: Er wird nun als »inklinierend« bezeichnet (lat. *inclinare* ›sich zuneigen‹). Für die gefährliche Paraphilie-Variante des sexuellen Sadismus wurde der Begriff »periculär« (d.h. gefahrvoll, gefährlich) hinzugefügt (dies hätte schon längst zur besseren Unterscheidung zwischen einer problemlosen und der gefahrvollen Abweichung in der Sexualpräferenz geschehen sollen). Diese Notwendigkeit, genauer zu differenzieren, hat inzwischen auch in den Paraphiliekriterien des Klassifikationssystems der US-amerikanischen Psychiater (dem sogenannten DSM-IV) einen ersten Niederschlag gefunden.

Sexuelle Delinquenz

Inzwischen wurden also die diagnostischen Kategorien auf jene sexuellen Präferenzen begrenzt, bei denen einerseits Übergänge zu einer psychischen Auffälligkeit mit Störungswert vermutet werden bzw. mit denen andererseits im juristischen Sinne Freiheiten und sexuelle Selbstbestimmungsrechte anderer Personen in rechtlich nicht akzeptierbarer Weise eingeschränkt werden. Der Übergang zur sexuellen Delinquenz findet sich im Bereich der Einschränkung persönlicher Freiheiten anderer bis hin zu gewalttätigen Handlungen: Als sexuell delinquent gelten jene Personen, die Straftaten gegen die sexuelle Selbstbestimmung anderer Menschen begehen.

Sexualdelikte gegen Kinder machen einen bedeutenden Anteil aller angezeigten Sexualstraftaten aus, und neben sexuellem Missbrauch stellen die Vergewaltigung und der Exhibitionismus den Hauptanteil polizeilich verfolgter Straftaten dar. Aber auch ohne juristische Verfolgung können Paraphilien soziale und sexuelle Beziehungen zwischen Menschen erheblich beeinträchtigen, z.B. dann, wenn andere die ungewöhnlichen sexuellen Verhaltensweisen als schändlich und abstoßend empfinden. Gelegentlich ist es nämlich der Fall, dass sämtliche der oben genannten abweichenden sexuellen Präferenzen deshalb einer juristischen Beurteilung zugeführt werden, weil sie als Verstoß gegen die guten Sitten angesehen werden. Nicht immer ist aber in solchen Fällen ein Straftatbestand erfüllt. Vielmehr stellt sich gelegentlich die berechtigte Frage nach der Grenzziehung zwischen erwartbarer Toleranz und Erregung öffentlichen oder privaten Ärgernisses.

Häufigkeit und Verbreitung

Angesichts dieses Wandels, den die sexuellen Störungen über größere Zeitspannen hinweg beständig durchmachen, ist es kaum möglich, genauere Angaben zur Häufigkeit und

Verbreitung der Paraphilien zu machen. Außerdem legt der große kommerzielle Markt für paraphile Pornographie und Zubehör nahe, dass Paraphilien in unserer Gesellschaft sehr verbreitet sind und dass zwischen Paraphilie als psychischer Störung und Paraphilie als normaler Ausdrucksform sexuellen Verhaltens fließende Übergänge bestehen – und dies erschwert die Erhebung repräsentativer Daten zusätzlich.

In Anbetracht wachsender sexueller Freizügigkeit in unserer Gesellschaft hat sich die Zahl derjenigen, die von sich aus wegen einer Störung der Sexualpräferenz um psychotherapeutischen Rat nachsuchen, zunehmend verringert. Fast gar nicht mehr werden heute in klinischen Einrichtungen Menschen mit Fetischismus, Transvestitismus oder sexuellem Masochismus vorstellig. In den auf die Behandlung von Paraphilien spezialisierten (zumeist forensischen, d. h. psychiatrischen) Einrichtungen oder in Gefängnissen finden sich vornehmlich Personen, die Straftaten gegen die sexuelle Selbstbestimmung anderer Menschen begangen haben. Am häufigsten kommen dabei die Pädophilie und der Exhibitionismus sowie deutlich weniger häufig der periculäre sexuelle Sadismus vor.

Es kommt hinzu, dass sich die (klinischen) Gegenwartsforscher ihrerseits in den letzten Jahren einer deliktorientierten Forschung zugewandt haben und ein Interesse vor allem an der vergleichenden Untersuchung von zwei juristischen Kategorien entwickelt haben, nämlich (a) der Vergewaltigung und (b) dem sexuellen Missbrauch von Kindern. Dabei handelt es sich jedoch um keine psychiatrisch oder klinisch-psychologisch verwendbaren Entitäten, wenngleich das Interesse der Öffentlichkeit mehr als verständlich ist: Die Gesellschaft erwartet auch von klinischen Forschern, bei der Verhinderung dieser inakzeptablen Phänomene mitzuwirken. Andererseits sind seit einigen Jahren Untersuchungen zu genuin psychischen Störungen eher in den Hintergrund getreten.

Beispiel: Sexuelle Straftaten in Deutschland

Es ist durchaus interessant, einen Blick in die Polizeistatistiken zu werfen, um sich einen Eindruck vom Ausmaß sexueller Delinquenz in unserer Gesellschaft zu verschaffen. Nur etwa 0,8 Prozent aller in Deutschland polizeilich erfassten Straftaten betrafen beispielsweise im Jahre 2001 »Straftaten gegen die sexuelle Selbstbestimmung«. Dennoch nehmen sie in der Darstellung der Medien und entsprechend in der Wahrnehmung vieler Menschen eine besondere Stellung ein. Je grausamer das Delikt, je größer das Leid der Opfer ist, umso leichter liefert solch ein Fall den Stoff für eine Emotionalisierung der Öffentlichkeit. Dabei kommt es nicht selten zu problematischen Verallgemeinerungen hinsichtlich der Gefährlichkeit von Sexualstraftätern schlechthin, von denen sich selbst verantwortungsbewusste Politiker nicht frei machen, obwohl sie nicht nur die Kriminalstatistiken, sondern auch die Verurteilungsstatistiken kennen sollten. So kam es erst jüngst wieder zu einer Verschärfung der Sexualstrafgesetze, obwohl die Zahl der Sexualstraftaten über die Jahre hinweg relativ konstant geblieben ist – und an dieser Tatsache hat sich auch nach der Gesetzesnovellierung nichts geändert. Die im folgenden vorgestellten Zahlen aus einem Jahr können also als weitgehend repräsentativ auch für die Jahre zuvor und danach angesehen werden.

Kriminalstatistik In Deutschland wurden im Jahr 2001 von insgesamt 6 264 724 Straftaten von der Polizei 52 099 Taten gegen die sexuelle Selbstbestimmung registriert (also 0,83 Prozent). Die Aufklärungsquote von zur Anzeige gebrachten Straftaten betrug 72 Prozent. Die am häufigsten verfolgten Sexualdelikte betrafen Sexualdelikte mit Körperkontakt wie z. B. den sexuellen Missbrauch von Kindern (15 117 Fälle) sowie die Vergewaltigung und sexuelle Nötigung (7891 Fälle).

Häufiger gelangen auch Sexualstraftaten ohne körperlichen Kontakt zur Anzeige, wie z. B. exhibitionistische Handlungen und die Erregung öffentlichen Ärgernisses (9780 Fälle) sowie sonstige, minderschwere sexuelle Nötigungen, wenn sie ohne körperliche Folgen blieben (5607 Fälle). Erfasst wurden in der Kriminalstatistik außerdem der sexuelle Missbrauch von Schutzbefohlenen, zumeist unter Ausnutzung einer Amtsstellung oder eines Vertrauensverhältnisses (1903 Fälle). Auch der Besitz oder die Verbreitung von Kinderpornographie (2745 Fällen) zählt zur strafbaren Sexualdelinquenz, sowie schließlich der Menschenhandel, wenn er zum Zwecke der erzwungenen Prostitution erfolgt (746 Fälle).

Vereinigungen, die sich um Wohlergehen und Rehabilitation der Opfer bemühen, schätzen, dass die Zahl unaufgeklärter, nicht zur Anzeige gebrachter Fälle deutlich höher liegt. Bei Vergewaltigungsopfern wird vermutet, dass es etwa drei bis vier Mal mehr Opfer gibt, als in den Polizeistatistiken erfasst werden – eine Dunkelziffer von Menschen, die aus Scham oder um den ihnen bekannten Täter zu schützen, selbst in anonym geführten Gesprächen eine durchlebte Vergewaltigung nicht zugeben würden. Entsprechend liegen die Schätzungen über eine Dunkelziffer bei sexuellem Missbrauch von Kindern noch höher.

Verurteilungsstatistik Die Strafverfolgungs- bzw. Verurteilungsstatistik macht ablesbar, wie viele angezeigte Fälle tatsächlich eine Verurteilung zur Folge hatten. Von den wegen Vergewaltigung angezeigten Personen wurden etwa 80 Prozent verurteilt, von den wegen sexuellen Missbrauchs angezeigten Personen hingegen nur etwa 20 Prozent. Diese Diskrepanz zwischen Vergewaltigung und den Missbrauchstaten ergibt sich dadurch, dass die größte Zahl der angezeigten Täter (zum Teil deutlich) unter 18 Jahren alt war, deren Taten also letztlich nicht als strafrechtlich relevant beurteilt wurden. Der Anteil verurteilter Frauen lag bei 5 Prozent. Freiheitsstrafen wurden gegen etwa 30 Prozent der schließlich verurteilten Erwachsenen verhängt, nur ein geringer Teil der Heranwachsenden erhielt eine Jugendstrafe. In den forensisch-psychiatrischen Maßregelvollzug wurden 4 Prozent der verurteilten Straftäter überstellt, von denen etwa ein Zehntel als schuldunfähig angesehen wurde.

Sexuelle Delinquenz: Suche nach Erklärungen

Im Moment wird unter Sexualdelinquenzforschern eine grundsätzliche Diskussion um die Frage geführt, ob die Paraphilien bzw. psychischen Störungen der Sexualpräferenz überhaupt noch als besonders relevant für die Erklärung von Sexualdelinquenz angesehen werden sollten. Diese alternative Perspektive beruht auf zunehmenden Er-

SCHLOSS MARIENBURG

SCHLOSS MARIENBURG

kenntnissen der Delinquenzforschung, nach denen für Sexualdelinquenz und für periculäre Paraphilien ähnliche Entwicklungsbedingungen angenommen werden können.

Von den Paraphilien stehen gegenwärtig vor allem zwei Formen im Zentrum der Aufmerksamkeit, nämlich der sexuelle Sadismus und die Pädophilie. Von den zunehmenden Erkenntnissen, entsprechend denen sich die Erklärungsmodelle für sexuelle Straftaten mit und ohne Paraphilien der Täter relativ ähnlich ausnehmen, soll nachfolgend die Rede sein, auch wird auf gelegentliche Besonderheiten bei paraphil motivierten Taten eingegangen.

Psychische Störungen

In den klinischen Forschungsarbeiten über Vergewaltigungstaten und kindlichen Missbrauch lassen sich bei Sexualstraftätern ganz allgemein und mehr als bei Straftätern ohne Sexualdelinquenz auffällig häufig zum Zeitpunkt der Tat manifeste *soziale Ängste/Phobien* sowie *affektive depressive Störungen* beobachten. Weit über die Hälfte aller wegen Vergewaltigung und Missbrauch verurteilten Personen erfüllen die Kriterien beider Störungsbereiche. Dabei fallen die Angaben bei paraphilen Tätern leicht höher als bei nicht paraphilen Tätern aus: je nach Studie die der sozialen Phobie oder Sozialangst ungefähr zwischen 30 und 40 Prozent; manifeste Depressionen werden bei Sexualdelinquenten bei bis zu einem Drittel der Straftäter und leichte Depressionen (Dysthymien) bei bis zu einem Viertel der Betroffenen diagnostiziert.

Außerdem gelten Alkohol und Drogen als enthemmende Bedingung für sexuelle Übergriffe. Weit mehr als 50

Prozent der Sexualdelinquenten konsumierten in dem Zeitraum, in dem die Tat verübt wurde, regelmäßig, d. h. zumeist täglich, größere Mengen Alkohol. Zudem wird die Mehrzahl der Sexualstraftaten unter der enthemmenden Alkoholeinwirkung durchgeführt, insbesondere jene mit extremer Gewalt. Wenngleich die Nichtparaphilen in dieser Hinsicht überwiegen, bleibt ein Alkoholproblem auch bei weit mehr als einem Drittel der paraphilen Täter offensichtlich.

Fehlende soziale Beziehungen

Die genannten psychischen Auffälligkeiten stehen wiederum in engem Zusammenhang mit kontextuellen Bedingungen: Viele, insbesondere paraphile Sexualstraftäter leben isoliert. Aber auch bei den meisten nicht paraphilen Sexualdelinquenten handelt es sich häufig um Einzelgänger, die nur selten länger andauernde intime Beziehungen eingehen. Ebenfalls beschreiben übergriffige Sexualdelinquenten, die über eine Vielzahl sozialer Kontakte verfügen, ihre Alltagsbeziehungen üblicherweise als oberflächlich und ohne Intimität – und wiederum unabhängig davon, ob ihre Taten paraphil motiviert waren oder nicht.

Angesichts dieser Auffälligkeiten stellt sich für die Forscher auch die Entwicklung hin zur Sexualdelinquenz und zur Motivation für Vergewaltigungstaten und sexuellen Missbrauch inzwischen in einem etwas anderen Licht dar als noch vor wenigen Jahren. Deren funktionale Bedeutung und Virulenz scheint sich erst in der Jugend und weiter insbesondere jeweils erst im Vorfeld der Taten zu entwickeln. Sie scheinen Indikatoren für Einsamkeit, Isolation und für das Vorliegen phobischer (d.h. angstgetönter) und affektiver (d.h. depressiver) Störungen und insbesondere auch von Alkoholproblemen zu sein.

Andererseits beziehen sich viele paraphil getönte Neigungen häufiger als nicht paraphile Neigungen zum sexuellen Übergriff vorrangig auf die konkrete Vorbereitung und Ausgestaltung der Taten – und zwar deshalb, weil die Übergriffe von vielen Tätern während der Masturbation in der Phantasie vorweggenommen und später entsprechend durchgeführt werden. Die Gewalttaten anderer Sexualtäter finden etwas häufiger spontan und ungeplant statt – obwohl man die Unterschiede nicht generalisieren sollte. Unter Beachtung dieser Aspekte wurden wiederholt Erklärungsmodelle für die periculären Paraphilien vorgeschlagen, die sich in ihren Kernaussagen auch für nicht paraphile Täter sehr ähnlich ausnehmen.

Entsprechend können einerseits Erfahrungsbereiche in der Kindheitserziehung unterstellt werden, die für fehlende Bindungskompetenzen und für die spätere Entwicklung sozialer Ängste und anderer psychischer Störungen verantwortlich sind. So ist es eher als Ausnahme zu bezeichnen, wenn Sexualstraftäter – egal ob paraphil oder nicht – in einer familiären Umgebung groß geworden sind, in der sich im Rückblick nicht eine Vernachlässigung der Kinder, Alkoholismus eines oder beider Elternteile und andere ungünstige Lebensumstände als frühe schmerzhafte Erfahrungen finden lassen. Andererseits werden besonders negative Erfahrungen von späteren Sexualstraftätern auch noch aus den Prägungsphasen der (Prä-)Pubertät berichtet.

Krisenzeit Adoleszenz

Dysfunktionale (d.h. schädigende) Erziehungsumwelten oder subkulturelle Ausgrenzungserfahrungen in der späten Kindheit und vor allem in der Jugendzeit tragen wesentliche Mitverantwortung dafür, dass sich bei den Betreffenden keine solide Grundlage dafür einstellt, ein positives Selbstbild zu entwickeln und ausreichende soziale Verhaltensweisen zu erlernen. Soziale Kontakte werden dann zunehmend vermieden. In diesem Zusammenhang entwickelt sich bei ihnen oft die komplementäre Einstellung, von der sozialen Gemeinschaft, in der sie leben, abgelehnt und ausgegrenzt zu werden – was häufig mangels sozialer Kompetenz auch faktisch geschieht. Zunehmende Tagträumereien treten an die Stelle realer sozialer Beziehungen, die in dieser Zeit für viele Gleichaltrige üblicherweise die ersten wichtigen sexuellen Erfahrungen ermöglichen.

Paraphile Neigungen wie auch andere sexuell deviante Vorlieben entwickeln sich vorrangig mit Beginn der Pubertät und im Verlauf der Jugend, seltener aber auch im Erwachsenenleben. Diese Entwicklung hin zu gefahrvollen sexuellen Übergriffen wird entsprechend als verhängnisvoller Aufschaukelungsprozess verstehbar: Isolation bewirkt eine Ersatzsuche in sexualisierten Phantasien und setzt eine periculäre innere Systemik in Gang, die sich im weiteren Verlauf zunehmend verselbständigen kann.

Mit reicher Phantasie und scheinbar frei von weiterer Zurückweisung und Ausgrenzung baut sich der Betreffende in einem mentalen Training seine eigenen erotischen Vorstellungen von intimen Begegnungen zusammen. Diese beziehen sich – mangels realer Erfahrungen – bei vielen paraphilen Tätern auf ungewöhnliche Objekte (Fetische, abweichende Sexualanreize) oder ungewöhnliche Handlungen (voyeuristische, exhibitionistische, pädophile, sadistische Rituale). Andere, eher nicht paraphile Täter verspüren bei beliebigen Formen medial vermittelter oder selbst ausgeübter Gewaltanwendung sexuelle Erregung und benutzen gelegentlich Kriegsliteratur oder Filme mit extremen Gewalttätigkeiten auch völlig ohne Sex-Bezug als »Pornographie«.

Teufelskreis sexueller Delinquenz

Werden diese Erfahrungen wiederholt, wird die Entwicklung hin zur Pädophilie, zum periculären sexuellen Sadismus oder zu anderen sexuellen Übergriffen als Lernprozess begreifbar, in dem die Betreffenden allmählich jeglichen Sinn für sexuelle Normalität verlieren. Gebrauch und Missbrauch von Alkohol, Drogen und Pornographie sowie die Entwicklung phobischer und affektiver Störungen gelten in diesem Zusammenhang als enthemmende Risikofaktoren dafür, dass der spätere Wechsel von der Phantasie in die Wirklichkeit tatsächlich stattfindet.

Eine solche Entwicklung macht es subjektiv und gelegentlich auch objektiv unmöglich, ganz normale alltägliche Beziehungen aufzunehmen und zu pflegen. Dadurch wird das subjektive Belastungserleben wieder weiter verstärkt. Die sich dabei entwickelnden psychischen Störungen sind einerseits Ausdruck einer vorhandenen Vulnerabilität (d.h. einer grundsätzlichen Verletzbarkeit oder Anfälligkeit zu solchem Tun) und andererseits dafür verantwortlich, dass den Betreffenden die Kontrolle über ihre sexuellen Impulse verloren geht. Unterschwellige Stressoren wie Alltagsbelastungen und fehlende Verankerung bzw. soziale Desintegration und durch sie immer wieder aufgerissene Verletzlichkeiten werden schließlich dafür verantwortlich, dass einige Täter zwanghaft zur Wiederholung ihrer Taten neigen – auch dann, wenn sich nach jeder Tat zunächst eine längere Phase der sexuell befriedigten Ruhe vor dem nächsten Ausbruch einstellt.

Versteht man die möglicherweise progredient verlaufende (d. h. sich verschlimmernde) Dynamik des Teufelskreises sexueller Übergriffe jedoch vor dem dargestellten Entwicklungs-Hintergrund, so braucht man auf Konstrukte wie »Hypersexualität« oder »Triebgeschehen« zur Erklärung gar nicht mehr zurückzugreifen: Die paraphilen sowie nicht paraphilen sexuellen Handlungen sind nicht der eigentliche Zweck, sondern werden *sekundär* eingesetzt, um sich der inneren Spannung zu entledigen. Ein solches Gebundensein an besondere Lebenskrisen, an Zeiten der inneren Labilisierung, erklärt die Häufung devianter Handlungen in lebensphasischen Krisen wie Pubertät und anderen Lebensperioden mit existenziell bedeutsamen Veränderungen.

Behandlungswirkungen und Prognose

Anhand aktueller Übersichten (Metaanalysen) über Studien aus verschiedenen Ländern kann man heute davon ausgehen, dass die Rückfallrate *unbehandelter* (also nur ihre Gefängnisstrafe ohne psychologische Behandlung absitzender) Sexualdelinquenten mit Beobachtungszeiträumen von mindestens fünf bis weit über zehn Jahren bei etwa 20 bis 25 Prozent liegt. Das bedeutet, dass bereits die Gerichtsanhängigkeit und Verurteilung infolge eines Sexualdelikts bei mehr als drei Viertel der Sexualdelinquenten bedeutsame Wirkungen entfaltet. Für Rückfallraten unterschiedlicher Deliktgruppen lassen sich durchschnittlich aus verschiedenen Studien etwa folgende Werte angeben: Exhibitionismus: 56 bis 57 Prozent, Vergewaltigung: 20 bis 24 Prozent, Kindesmissbrauch: 22 bis 26 Prozent, wobei die Zahlen pädophiler Täter nur tendenziell, jedoch nicht signifikant höher ausfallen.

Zusätzliche Behandlungswirkungen Im Verlauf der vergangenen Jahre erfuhren die Behandlungsprogramme bei Sexualdelinquenz, die ambulant, in Gefängnissen oder in der forensischen Psychiatrie eingesetzt werden, einige bedeutsame Verbesserungen. Für die genannten Deliktgruppen lassen sich dabei folgende Rückfallzahlen angeben (die geringen Rückfallzahlen stammen aus Institutionen, die spezielle Rückfall-Präventions-Module in ihren zumeist standardisierten und bereits erfolgreich evaluierten Behandlungsprogrammen vorhalten): Exhibitionismus: unter 1 Prozent bis 20 Prozent, Vergewaltigung: 8 bis 22 Prozent, Kindesmissbrauch: 8 bis 18 Prozent – wobei sich wiederum keine signifikanten Unterschiede zwischen paraphilen und nicht paraphilen Tätern finden lassen.

Rückfallursachen In den diesen Angaben zugrunde liegenden Metaanalysen zu möglichen Rückfallursachen erweisen sich folgende Aspekte als prädiktiv für später aufgetretene Rückfälle: Zu nennen sind pädophile Neigungen und Interessen, ein niedriges Alter zu Beginn sexueller Devianz, die Anzahl vorausgehender Sexualdelikte und Einsamkeit bzw. Isolation oder die Tatsache, nicht verheiratet zu sein, sowie weitere Aspekte einer sozialen Desintegration. Letzteres entspricht den Bedingungen, die im obigen Erklärungsmodell als Risikomerkmale für periculäre Sexualdelinquenz dargestellt wurden. Andererseits hängen einige Bedingungen eher nicht mit einem Rückfallrisiko zusammen, so z.B. eigene sexuelle Missbrauchserfahrung der Täter in ihrer Kindheit, Substanzmissbrauch oder das Vorliegen psychischer Störungen.

Schließlich ist es angesichts dieser Befunde nicht weiter verwunderlich, wenn heute sowohl bei paraphilen als auch bei nicht paraphilen Tätern die gleichen Behandlungsansätze umgesetzt werden – und zwar für beide Gruppen gleichermaßen und in den letzten Jahren zunehmend erfolgreich. Die spezifische Beachtung der Paraphilien ist auch in der Therapieforschung bei sexueller Delinquenz jedenfalls weitgehend in den Hintergrund gerückt.

Kapitel 6
Sexuelle Gewalt: Evolution oder Kultur?

In letzter Zeit wurde eine angeregte Diskussion angesichts der gelegentlich verheerenden Folgen sexueller Gewalt wiederholt zwischen Evolutionstheoretikern und Kultursoziologen geführt. Dabei geht es im Kern um die Frage, welche Mitverantwortung vor allem gesellschaftliche und kulturelle Einflüsse dabei haben, dass sich insbesondere Männer in unserer Gesellschaft zu sexuellen Gewalttaten hinreißen lassen. Eine der wichtigen Entwicklungsaufgaben des Menschen (vor allem eben der männlichen Variante unserer Spezies) scheint nämlich darin zu bestehen, eine wirksam hemmende Funktion der Selbstkontrolle gegenüber aggressiven Impulsen auszubilden.

Dass Sozialisationsprozesse für die erfolgreiche (oder eben für die nicht erfolgreiche) Kontrolle über aggressives Verhalten eine wichtige Bedeutung haben, ist sicherlich unstrittig – zumal sich Erziehungsprozesse, die auf eine Aggressionskontrolle gegenüber der eigenen Spezies abzielen, selbst im Tierreich in mannigfaltiger Art beobachten lassen. Lange Zeit war man (etwa in der Folge von Sigmund Freud) von einem angeborenen Aggressionstrieb ausgegangen, dem mit entsprechenden Erziehungsmaßnahmen und geeigneten Lernumgebungen wirksam und erfolgreich entgegenzuwirken sei.

Inzwischen nimmt die Tendenz einiger Forscher wieder zu, die Hypothese einer neurobiologischen, eventuell angeborenen Basis sexueller Gewalt erneut zu untersuchen: Vorausgesetzt, dass man in der biologischen Forschung die früheren Fehler einer vorschnellen Verallgemeinerung aus Einzelergebnissen unterlassen und die Wechselwirkungen zu Umwelt und Sozialisation ernsthaft mitreflektieren würde, könnte das ganze Unternehmen eine spannende Sache werden – wie sich dies beispielsweise in dem Aufeinanderzugehen von Evolutionstheoretikern und Kulturwissenschaftlern andeutet.

Kultur oder Evolution?

Dass die vor allem bei Männern zu beobachtende Enthemmung in Richtung sexueller Gewalt eine genetisch vermittelte biologische Grundlage haben könnte, wird in sogenannten Evolutionstheorien vertreten. Die Diskussion über evolutionär begründete sexuelle Gewalthandlungen reicht zwar weit in die Wissenschaftsgeschichte zurück, andererseits hat sich nichts daran geändert, dass fast jede neu publizierte Evolutionstheorie der Vergewaltigungstaten zu Kontroversen führt.

Denn auf den ersten Blick scheinen einige ihrer Implikationen theoretischen Vorstellungen zu widersprechen, wie sie in soziologischen und kulturpsychologischen Ansätzen vertreten werden. Unter evolutionärer Perspektive wäre sexuelle Gewaltneigung nämlich inhärenter, d. h. unablösbarer Bestandteil der männlichen Natur. Mit Argumenten aus kulturpsychologischer und soziologischer Perspektive wird dann versucht, dem möglichen Missverständnis entgegenzuwirken, dass sexuelle Gewalt moralisch dann weniger verwerflich sei, wenn sie sich als das Ergebnis evolutionärer Prozesse erweise.

Kultur

Kulturpsychologische Hypothesen finden sich seit Jahren insbesondere in theoretischen Erklärungen feministischer Forscherinnengruppen. Diesen ist es wesentlich zu verdanken, dass das Problem der sexuellen Gewalt gegen Frauen und der Missbrauch von Kindern in den Mittelpunkt des öffentlichen Interesses gerückt wurde. Und sie haben ihrerseits in den letzten Jahren weit beachtete Beiträge zur Aufklärung sexueller Gewalt geliefert. Als Ausgangspunkt für das Engagement von Wissenschaftlerinnen, aus der Perspektive der Frau zur Aufklärung sexueller Gewalt beizutragen, gilt eine Analyse des Sexismus und der Unterwerfung von Frauen durch Susan Brownmiller (geb. 1935) aus dem Jahr 1975.

Vergewaltigung, so ihre provokativ vorgetragene These, ist nicht mehr und nicht weniger als ein bewusster Prozess der Einschüchterung, durch den Männer in aller Welt Frauen in einem ständigen Zustand der Angst zu halten versuchen. Die kulturell legitimierte Macht und Dominanz des Mannes durchzieht, so Brownmiller, die gesamte Geschichte der Menschheit und lässt sich vor allem in patriarchalisch organisierten Gesellschaftsformen beobachten, in denen die Frau bisweilen sogar als Eigentum des Mannes angesehen wird.

Feindseligkeit gegenüber Frauen Viele Vergewaltigungstäter teilen in der Tat ihre Feindseligkeit gegenüber Frauen. Und sie findet sich zumeist in Abhängigkeit von sozialen Einstellungen, die in der jeweiligen Kultur gegenüber Frauen bestanden haben und auch weiterhin bestehen.

Beispielsweise finden sich Aufzeichnungen über die Vergewaltigung von Frauen in der Kriegsberichterstattung im alten Griechenland, über die Zeit der Kreuzritter bis in die Gegenwart hinein mit ihren aktuelleren Kriegen in Vietnam, auf dem Balkan, in Afrika und im Nahen Osten – und bis heute vor allem im Kontext der sogenannten häuslichen Gewalt: Opfer der meisten Vergewaltigungen sind heute Ehefrauen oder Bekannte der Täter.

Nach wie vor kommen soziologische Untersuchungen nicht um die Tatsache herum, Zusammenhänge zwischen frauenfeindlichen Einstellungen in einer Gesellschaft, dem damit einhergehenden Gefühl männlicher Überlegenheit und Macht und der Häufigkeit sexueller Gewalt nicht nur zu behaupten, sondern diese auch empirisch zu belegen: Je häufiger in einer Gesellschaft männliche Überlegenheit, Macht und Gewalt als eine Möglichkeit für die Bewältigung von Konflikten und für die Lösung von Problemen angesehen und immer wieder in den Medien vermarktet werden, desto größer scheint die Häufigkeit der Vergewaltigungstaten.

Unakzeptabel: Unschuldsbeweise Viele feministische Gruppen wollen aus diesem Grund Vergewaltigung nicht als Sexualdelikt klassifiziert wissen. Denn damit werde nicht nur der Zusammenhang mit allgemeiner männlicher Gewaltneigung verschleiert, sondern es komme im sozialen Umfeld wie vor Gericht zu einer typisch männlichen Auseinandersetzung mit den Taten – indem nach den *Motiven der Opfer* gefragt werde: Vergewaltigungsopfer müssen häufig in besonders erniedrigender Weise den Ehemännern, den Freunden, der Polizei und sogar gelegentlich auch noch sich selbst gegenüber den Beweis liefern, dass sie an der erlebten Vergewaltigung tatsächlich unschuldig waren. Opfer nicht sexueller Gewalt, die beispielsweise niedergeschlagen oder mit der Waffe bedroht werden, geraten im Vergleich dazu selten in den Verdacht, den erlebten Angriff heimlich gewünscht zu haben.

Es ist deshalb nur zu verständlich, wenn eine kulturpsychologisch fundierte Begründung sexueller Gewalt von feministischer Seite mit großer Vehemenz vertreten wird. Dies geschieht berechtigterweise auch dann, wenn sich evolutionär orientierte Forscher anschicken, biogenetische Hypothesen sexueller Gewalt zu formulieren – und es dabei gelegentlich unterlassen, soziale und gesellschaftliche Einflüsse auf evolutionäre Entwicklungen angemessen zu berücksichtigen. Diese Kritik jedoch haben sich viele Evolutionstheoretiker inzwischen zu eigen gemacht: Aus diesem Grunde wachsen Evolution und Kultur in ihren Theorieentwürfen zunehmend zusammen.

Evolution

Dennoch scheint den meisten Evolutionsforschern im Unterschied zu den Soziologen eine Grundannahme besonders wichtig zu sein: Gewalt in libidinösen Beziehungen wird als »primär sexuell motiviert« angesehen und nicht so sehr als Ausdruck kultureller Einflüsse gedeutet. In diesem Sinne wird in der Tat der kulturpsychologischen Hypothese widersprochen, nach der vorrangig das patriarchalisch motivierte Macht- und Überlegenheitsstreben des Mannes in einer Gesellschaft dafür verantwortlich ist, wenn es auf individueller Ebene nicht zur Hemmung sexueller Gewalt, sondern zu sexuellem Missbrauch kommt.

Disparates Paarungsverhalten Ausgangspunkt zur Evolution sexueller Gewalt stellt die Annahme dar, dass sich phylogenetisch (also von ihrer genetischen Ausstattung her gesehen) für Männer und Frauen ein unterschiedliches, disparates Paarungsverhalten herausgebildet hat. Diese These wird damit begründet, dass die Notwendigkeit zur Fortpflanzung sehr unterschiedliche biologische Konsequenzen für beide Geschlechter hat: Ein Mann kann seinen Anteil von 50 Prozent seiner Gene für das Genom des Kindes in nur wenigen Minuten und mit einem Minimum an Kraftanstrengung an diese nächste Generation weitergeben, und theoretisch könnte er in seinem Leben Tausende von Frauen in eine Schwangerschaft führen.

Im Unterschied dazu ist die Empfängnisbereitschaft einer Frau immer nur auf wenige Tage eines Monatszyklus begrenzt. Dann benötigt sie neun Monate, um ein Kind auszutragen, in der Hoffnung, dass sie auch die Anstrengungen einer Geburt übersteht. Zumeist verbleibt ihr auch noch die Aufgabe der Kinderversorgung. Und schließlich bereitet die Menopause ihrer Fruchtbarkeit ein Ende. Üblicherweise bedeutet dies, dass es eine Frau in ihrem Leben im Höchstfall auf etwas mehr als ein Dutzend Schwangerschaften bringen könnte. Das wiederum gelingt nur dann, wenn sie sich auf einen oder mehrere Partner verlassen kann, die hinreichende ökonomische Sicherheit und sozialen Rückhalt bei der Kindererziehung versprechen.

Vielleicht haben diese verschiedenen Voraussetzungen im Laufe der Evolution zu unterschiedlichen Auswahl- bzw. Selektionsstrategien geführt, mit denen Männer und Frauen ihre Partner wählen. Frauen wird dabei unterstellt, dass sie Partner mit hohem Status und reichhaltigen Ressourcen bevorzugen, damit ihre Zukunft so weit wie möglich gesichert ist. Im Unterschied dazu wird den Männern eine weniger selektiv auf Leistungsfähigkeit angelegte Partnerbevorzugung zugeschrieben: Sie scheinen ein Wahlverhalten zu bevorzugen, in dem Jugend und Schönheit wichtige Attribute darstellen, weil sie angeblich sichere Indikatoren für Gesundheit sind.

Für die Stimmigkeit dieser Überlegungen wurden in den vergangenen Jahren interessante empirische Belege zusammengetragen. Bereits 1979 hatte der Evolutionstheoretiker Donald Symons in seinem Buch *The Evolution of Human Sexuality* diesen Sachverhalt in einem einprägsamen Satz zusammengefasst, der seither gern zitiert wird: »Der typische Mann kann in irgendeiner Weise von fast jeder Frau sexuell angeregt werden, die typische Frau hingegen entwickelt den meisten Männern gegenüber nicht das geringste sexuelle Interesse.«

Evolution sexueller Gewalt

Aufgrund des disparaten Paarungsverhaltens werden von Evolutionstheoretikern unterschiedliche Möglichkeiten diskutiert, warum und wie in der Evolution die Eigenschaft angelegt wurde, dass beim männlichen Teil unserer Spezies eine Potenz zu sexueller Gewalt und zu sexuellem Missbrauch angelegt ist. Die aktuelle Kontroverse betrifft die Frage,

1. ob Vergewaltigung für sich allein als eine evolutionär adaptive Strategie angesehen werden kann (also als eine selektiv der Evolution angepasste und zuträgliche Reproduktionsstrategie) oder

2. ob sie als Nebenprodukt anderer Veranlagungen gelten muss, die ihrerseits jedoch ebenfalls der Evolution adaptiv zuträglich sind.

Zu 1: Wird Vergewaltigung als adaptiv-evolutionäre Strategie verstanden, müsste sie sich im Verlauf der Menschheitsgeschichte selektiv als Reproduktionsstrategie herausgebildet haben. Diese Hypothese einer generellen adaptativen Strategie wird inzwischen verworfen, weil sie impliziert, dass Vergewaltigungstäter reproduktiv erfolgreicher wären als jene Männer, die sich anderer Fortpflanzungsstrategien bedienen. Das jedoch ist nicht der Fall: Vielmehr gehen die Evolutionstheoretiker davon aus, dass es sich bei der Vergewaltigung um eine konditionale, also um eine nur unter bestimmten Voraussetzungen geltende adaptative Strategie handelt. Unter solchen Voraussetzungen fasst man Entwicklungsbedingungen zusammen, nach denen sich Vergewaltigung entweder nur für bestimmte Personengruppen als adaptative Strategie anbietet oder nach denen sich Vergewaltigung nur unter bestimmten restriktiven Bedingungen als adaptiv erweist.

Zu 2: Andere Forscher wiederum betrachten Vergewaltigung als Nebenprodukt anderer evolutionär-adaptativer Strategien. Zu diesen gehören beispielsweise das männliche Überlegenheitsgebaren und die damit zusammenhängende Aggressivität. Oder es wird die Neigung der Männer zu Partnerinnenwechsel bzw. zur Promiskuität als adaptiv angesehen. In beiden Fällen wäre die Vergewaltigung selbst nicht adaptiv. Zur Vergewaltigung kommt es entsprechend dieser Sichtweise nur deshalb immer wieder, weil sie als Übersprungshandlung zur männlichen Aggressivität oder zur männlichen Promiskuität gehört.

Beide Strategien werden gegenwärtig vielfältig diskutiert und untersucht. Im folgenden werden zur Illustration einige Erklärungsansätze beschrieben, die sich beiden Perspektiven widmen. Dabei zeigt sich interessanterweise, dass die Evolutionsforscher zunehmend darüber diskutieren, ob die Evolutionsperspektiven nicht doch besser dann weiterentwickelt werden könnten, wenn man kulturelle und entwicklungspsychologische zusätzlich berücksichtigt.

Vergewaltigung als konditionale adaptative Strategie

Strikte Vertreter dieser Perspektive – wie zum Beispiel das Forscherpaar Randy Thornhill und Craig Palmer – sind der Ansicht, dass es sich bei der Vergewaltigung um eine *sexuell motivierte* Delinquenz handelt, der nicht vorschnell andere Motive wie Dominanz-, Überlegenheits- und Machtbestrebungen unterstellt werden sollten. Für das Autorenpaar stellt Vergewaltigung *eine* von unterschiedlichen Paarungsmöglichkeiten dar, die – konditional, d.h. sexuell motiviert – ausschließlich dann angewandt werde, wenn bestimmte günstige Umstände für eine solche Wahlmöglichkeit gegeben sind. Vergewaltigung steht damit in einer Reihe mit anderen Paarungsmöglichkeiten, wie z.B. dauerhaft angestrebten Sexualbeziehungen oder auch nicht dauerhaft intendierten Sexualbeziehungen (dabei wirkt jeweils die evolutionäre Vermehrungsfunktion im Hintergrund).

Es lassen sich in der Tat eine Reihe von Faktoren anführen, die das konditional adaptative Risiko einer Vergewaltigung ansteigen lassen. Dazu zählen fehlende physische oder psychische Ressourcen, soziale Isolation und Entfremdung sowie unbefriedigende oder fehlende Erfahrungen mit romantischen Beziehungen. Diese besonderen Umstände, die ein normales Paarungsverhalten erschweren, betrachten die Autoren als risikovolle adaptative Entwicklungsverzweigungen, von denen ausgehend sich die Betreffenden zunehmend mehr auf Gewalt als Strategie zur Durchsetzung sexueller Paarungsbedürfnisse verlegen. Damit einhergehend lässt sich beobachten, dass die Betreffenden Einstellungen und Strategien entwickeln, mit denen sie ihre Neigung zu sexueller Gewalt auch weiter absichern und verfeinern. Zu diesen adaptativen psychischen Mechanismen gehören beispielsweise Kompetenzen, potenzielle Opfer für eine Vergewaltigung zu identifizieren, oder fehlende Bereitschaft, genau zu erkennen, wann und wie Frauen sich sexuell verweigern, um ambivalente Motive zum Ausdruck zu bringen, und so weiter.

Insgesamt kann die Hypothese konditional adaptativer Entwicklungsverzweigungen mit einer Reihe von Forschungsbefunden in gewisse Übereinstimmung gebracht werden (vgl. das Erklärungsmodell sexueller Delinquenz im vorausgehenden Kapitel). Es zeigen sich jedoch Widersprüche, auf die andere Forscher aufmerksam gemacht haben. Insbesondere der Kerngedanke von Thornhill und Palmer, dass nämlich sexuelle Deprivation und geringer ökonomischer Status des Täters als übergreifende konditionale Voraussetzungen für Vergewaltigungstaten in Betracht gezogen werden müssen, lässt sich nicht bestätigen. Im Gegenteil wird deutlich, dass viele Vergewaltigungstäter Personen sind, die durchaus über Möglichkeiten anderweitiger sexueller Betätigung verfügen.

Besondere Gelegenheiten und Umstände Eine bedenkenswerte Alternative zur Begründung konditional adaptiver Strategien wurde bereits seit Anfang der 1980er Jahre von einigen Evolutionsforschern diskutiert, für die es ebenfalls eine Reihe empirischer Belege gibt. Das Konstrukt dieser Vordenker greift die Ansprechbarkeit von Männern auf bestimmte sexuelle Reize auf. Danach stellt Vergewaltigung eine von mehreren Möglichkeiten zur Erfüllung sexuellen Verlangens dar. Welche Strategie sexueller Befriedigung letztlich gewählt werde, hänge von den jeweiligen Umständen ab. Diese Perspektive befreit den Evolutionsansatz zusätzlich von der strikten Festlegung auf die biologisch-reproduktive Funktion menschlicher Sexualität, unterstreicht vielmehr die Vielfalt und Unterschiedlichkeit menschlicher sexueller Ziele.

Dass Gelegenheit und Umstände zur Vergewaltigung führen können, ist nämlich ebenfalls gut belegt: In Befragungen geben immer wieder große Gruppen von Männern an, dass sie eine Frau nur dann vergewaltigen würden, wenn keine gravierenden Konsequenzen für sie selbst zu erwarten wären. Es spricht also vieles dafür, dass sich Männer im reproduktionsfähigen Alter der unterschiedlichsten Strategien bedienen: Sie können dem Wahlverhalten der Frauen entsprechen oder aber z. B. mit dem Versprechen persönlicher Vorteile für die Frauen um Frauen werben. Sie können diese aber auch, etwa dann, wenn sie zurückgewiesen werden, unter Anwendung von Gewalt zur Sexualität zwingen.

Im letzteren Fall handelt »Mann« sexuell gewalttätig etwa in der Erwartung, dass sich die Partnerin im Verlauf der sexuellen Nötigung zunehmend kooperativer und zustimmend verhalten könnte – was gelegentlich tatsächlich der Fall ist: Jedenfalls wird uns dieser Männlichkeitsmythos immer wieder von der Kinoleinwand herab vorgegaukelt. Als prototypisches Beispiel kann hier einer der bemerkenswertesten und romantischsten Küsse der Filmgeschichte angesehen werden, nämlich jener von Clark Gable und von Vivian Leigh in *Vom Winde verweht*: Am Fuße der Treppe eines eleganten Herrenhauses in den Südstaaten schnappt Gable sich Leigh, umarmt sie kräftig und küsst sie. Gegen diese sexuelle Nötigung leistet sie anfänglich heftigen Widerstand, ergibt sich dann jedoch mehr und mehr in die Situation und lässt schließlich zu, dass sie die Treppen hinaufgetragen, auf das Bett geworfen und genommen wird.

Die Perspektive einer Vergewaltigung bei sich bietender Gelegenheit wirft natürlich ein düsteres Licht auf die schwer ergründbare Tiefe der sexuellen Natur des Mannes. Denn dort ist zu entdecken, dass potenziell alle Männer zu sexueller Gewalt in der Lage wären. Für diese These gibt es höchst beunruhigende Belege, insbesondere jene Beispiele von Vergewaltigungstaten in Kriegszeiten, die von Gruppen von Tätern an Frauen in Feindesland ausgeübt werden. Kommen diese Täter später vor Gericht, stellt sich meist schnell heraus, dass es sich bei ihnen häufig um bis dahin unbescholtene Personen handelt: Niemand hätte ihnen jemals jene Taten zugetraut, an denen sie sich aber bei günstiger Gelegenheit sofort beteiligt hatten.

Die Überformung der Evolution durch Kultur und Entwicklung

Die letztgenannten Beispiele würden andere Evolutionsforscher nicht mehr zwingend als konditionale adaptative Strategien betrachten, sondern eher dem Bereich der Nebenprodukte anderweitig adaptiver Strategien zuordnen. Diese Ausrichtung geht auf eine Ausarbeitung zur Evolution menschlicher Sexualität von Donald Symons aus dem Jahr 1979 zurück. Ausdrücklich wird sie erneut in den Forschungsarbeiten einer Arbeitsgruppe um Neil Malamuth aus den Jahren nach 1998 in den Vordergrund gerückt. Bei genauem Hinsehen sind jedoch die Erklärungsansätze dieser Forschergruppe gar nicht so sehr um die Aufklärung evolutionär wirksamer Variablen bemüht, sondern sie beschäftigen sich mit der Analyse zeitlich nahe liegender Prozesse im Kontext der Taten, um die Nebenprodukt-Hypothese zu begründen.

Entsprechend dieser Auffassung lässt sich sexuelle Gewalt als eine Strategie innerhalb einer Vielfalt von Möglichkeiten verstehen, mit der (als einem von mehreren möglichen Zielen menschlicher Sexualität) auch die Fortpflanzung sichergestellt wird. In diesem Sinne wird sexuelle Gewalt in den allgemeinen Kontext der »menschlichen Sexualität« (zurück-)verlagert, nämlich als Teil der Vielgestaltigkeit sexuellen Paarungsverhaltens.

Neil Malamuth geht sogar noch weiter, indem er entwicklungspsychologische Perspektiven in seine Überlegungen einbezieht. Dazu untersucht er das Zusammenspiel von persönlichen Entwicklungsfaktoren der Täter und von Umgebungsfaktoren der Taten. Besonders wichtig sind ihm drei »persönliche Dimensionen« von Tätern. Aus der Eigenart, wie diese drei Dimensionen bei ein und derselben Person zusammentreffen (in der *Konfluenz sogenannter charakteristischer Konstellationen*), lässt sich das Risiko bestimmen, mit dem es schließlich zu sexuellen Übergriffen bzw. zu sexueller Gewalt kommen kann. Für die Annahme des inzwischen so bezeichneten Konfluenzmodells sprechen ebenfalls die Ergebnisse einer Reihe von Forschungsarbeiten zu den Ursachen sexueller Gewalt.

Die drei Dimensionen sind:

- *Dominanz gegen Versorgung* Entsprechend der Theorie werden insbesondere jene Männer als Personen mit erhöhtem Risiko zu sexueller Gewalt angesehen, die ein hohes Ausmaß von Dominanz, Macht und Kontrolle über andere Menschen anstreben und die wenig Interesse daran haben oder nur geringe Kompetenz darin besitzen, sich um andere zu kümmern, diese zu versorgen oder sich um sie auch emotional zu sorgen.
- *Unpersönliche gegen persönliche Sexualität* Diese zweite Konstellation betrifft das Paarungs- und Werbungsverhalten von Männern. Als besonderes Risiko für sexuelle Übergriffe wird ein typisch männliches sexuelles Beziehungsmuster angesehen, das als »Kurzzeit-Paarungsverhalten« bezeichnet wird. Männer mit dieser sexuellen Präferenz zeichnen sich durch vielfältig wechselnde Partnerschaften aus und haben eine Vorliebe für nur kurz dauernde, wenig verpflichtende und unpersönliche sexuelle Begegnungen.

– *Feindselige Maskulinität* Die dritte Konstellation trifft als Risikomerkmal vor allem auf Männer zu, die sich durch negative und feindselige Einstellungen gegenüber Frauen auszeichnen. Häufig betreffen ihre feindseligen bis zynischen Einstellungen auch Beziehungen zu anderen Männern oder zwischenmenschliche Beziehungen im Allgemeinen. Schließlich beinhaltet feindselige Maskulinität auch eine Akzeptanz von Gewalt als Mittel, um eigene Interessen und so eben auch sexuelle Bedürfnisse durchzusetzen.

Evolution und Kultur

Abgesehen davon, dass Malamuth die Evolutionsperspektive nutzt, um sexuelle Übergriffe konzeptuell in das menschliche Paarungs- und Fortpflanzungsverhalten einzubinden, lässt er dennoch die Frage unbeantwortet, ob tatsächlich eine evolutionäre Basis für sexuelle Gewalttaten existiert. Das lässt sich wohl auch nur schwer begründen, bezieht sich dieser Ansatz doch vorrangig auf psychologische Forschungsergebnisse und postuliert für die Entwicklung sexueller Delinquenz fehlgelaufene Sozialisationsprozesse. Eher mit entwicklungspsychologisch fundierten Argumenten begründet sich auch seine Ansicht, dass die betreffende Person wegen fehlgelaufener Erziehungsbedingungen auf ein Sexualverhalten festgelegt wird, in dem Frauen als Sexualpartner eine untergeordnete oder sogar gar keine Rolle mehr spielen.

Für diese Ansicht jedoch gibt es inzwischen gute Belege aus der Forschung: Insbesondere eine harte und wenig zusammenhängende Erziehungsumwelt, in der Demütigung und Erniedrigung an der Tagesordnung sind, nimmt auf die sexuelle Entwicklung in einer Weise Einfluss, dass am Ende eine Person sich entwickelt, die in ihrem allgemeinen sowie intimen Beziehungsverhalten ausgesprochen selbstbezogen bleibt, nur ausgesprochen kurze Sexualbeziehungen eingeht und die sich schlussendlich auch noch durch eine feindselige Maskulinität auszeichnet.

In den Diskussionen über das Konfluenzmodell ist in den vergangenen Jahren wiederholt die Frage gestellt worden, ob ein bezug auf die Evolutionsperspektive überhaupt notwendig war, wenn doch letztendlich vor allem kulturelle und soziale Einflüsse für eine Erklärung von Vergewaltigungstaten im Vordergrund stehen. Andererseits kommen selbst Autoren, die konditional adaptative Hypothesen vertreten, nicht umhin, zur Plausibilität handfeste entwicklungs-, sozial- und kulturpsychologische Aspekte in ihre Argumentation einzubeziehen: Sie sprechen jeweils von *zusätzlich notwendigen* oder auch von *spezifischen* kulturellen, erzieherischen, psychologischen Mechanismen und Prozessen.

Evolution

Bei genauem Hinsehen stellt sich deshalb die Frage, ob der nach wie vor brodelnde Streit zwischen Kulturpsychologen (die in dieser Diskussion zumeist Frauen sind) und Evolutionstheoretikern (die in dieser Diskussion zumeist Männer sind) über die Vorrangigkeit kultureller gegenüber evolutionär biologischen Bedingungen sexueller Gewalt überhaupt sinnvoll ist. Mit ihren Entwürfen sind die Evolutionspsychologen bereits auf die Kulturpsychologinnen zugegangen. Vielleicht könnten beide Perspektiven sich fruchtbar ergänzen, weil sie auf diese Weise sehr wohl zur Aufklärung sexueller Gewalt beitragen könnten – und zwar erheblich.

Dazu müssten die Evolutionstheoretiker lediglich unterstreichen, dass sich bereits im Tierreich hierarchische Strukturen herausgebildet haben. Bei Primaten werden männliche untergeordnete bzw. subdominante Tiere von den dominanten männlichen Tieren attackiert und an der Fortpflanzung gehindert, submissive, also sich unterwerfende, werden ausgeschlossen – und weibliche Tiere werden von männlichen Tieren gelegentlich durch Vergewaltigung in die Unterordnung gezwungen.

Für die Kulturpsychologinnen würde gelten, dass die Bedeutsamkeit kultureller Einflüsse durch eine Akzeptanz evolutionärer Faktoren nicht geschmälert wird, da die Sexualität sowohl der Vermehrung als auch der Hierarchie- und Beziehungsbildung dienen kann. Im Zusammenleben der Menschen würden dann lediglich andere Regeln gelten.

Kultur und Zivilisation

Regeln der Kultur und ethische Regeln der wechselseitigen Akzeptanz haben sich durch die menschliche Fähigkeit zur Selbstreflexion und zur sprachlichen Kommunikation im Laufe der Geschichte entwickelt. Aber in Ergänzung zu diesen geistig-kulturellen Grundlagen gelten für den Menschen nach wie vor auch die Regeln der biologisch-animalischen Welt. Gerade sexuelle Gewalt lässt erkennen, dass auch wir Menschen, zumindest potenziell, triebgesteuerte Primaten sind, keineswegs immer edel, hilfreich und gut.

Klarere Erkenntnisse in diesem Bereich verdanken wir nicht nur den vorgestellten Perspektiven. Auch die hier ausgeklammerte kontinuierliche Auseinandersetzung mit dieser Frage in der Psychoanalyse ist nach wie vor nicht abgeschlossen – angefangen mit Sigmund Freuds *Unbehagen in der Kultur* (1930) über Norbert Elias' *Prozeß der Zivilisation* (1939) bis hin zu Hans Peter Duerrs *Mythos des Zivilisationsprozesses* (2003) – jeweils lesenswerte, weiterführende Bücher. Immer noch wird auch dort darüber gestritten, ob es sich tatsächlich so verhält, dass trotz aller unbestreitbaren Liberalisierung ein kulturell erworbenes Set von mittelbaren und informellen Formen der Triebkontrolle als Filter funktioniert und so aggressiv-sexuelle Triebdurchbrüche wirkungsvoll eindämmt (so Elias), oder ob man angesichts zunehmender sexueller Freizügigkeit eine mit dieser einhergehende Abschwächung des evolutionär-biologischen sexuellen Triebgeschehens postulieren solle (so Duerr).

Auch wenn die grundlegende Annahme der Evolutionsstrategen, nach der für Männer und Frauen unterschiedliche Auswahlstrategien gelten, inzwischen von vielen Kulturpsychologinnen geteilt wird, mögen angesichts der kulturellen Entwicklungen im Zeitalter der sexuellen Liberalisierung selbst gegenüber dieser These erhebliche Zweifel berechtigt sein. Die Annahme, dass Männer eher wechselnde Partner und Frauen eher stabile Beziehungen bevorzugen, dürfte vermutlich auf einem männlichen Irrtum beruhen: Denn wo sollten die Männer ihre vielen Partnerinnen herbekommen, wenn es nicht entsprechen-

Erwachsene
Preis   4,50 €
gültig bis: 28.08.2019 11:03:25

Zeit 11:03:25 Datum 28.08.2018

LANDESVERBAND LIPPE 🌹

erhalten | fördern | gestalten

Infozentrum
Hermannsdenkmal
Tel. 05231 - 3014863

Infozentrum
Externsteine
Tel. 05234 - 2029796

www.landesverband-lippe.de

de Promiskuität bei den Frauen gibt? Außerdem zeigt die nur grob geschätzte Zahl von 5 bis 10 Prozent Kuckuckskinder, dass Frauen offensichtlich auch selbst heimlich fremdgehen. Offenbar sagen beide Geschlechter die Unwahrheit: Männer übertreiben und Frauen untertreiben ihre Neigung zu Affären.

Unabhängig davon, wie man zu dieser Tatsache stehen mag, verweisen fast alle Diskurse dieser Art immer wieder in Richtung Integration: Kultur und Evolution können gar nicht auseinanderdividiert werden. Da jedoch sowohl die kulturelle als auch zugleich evolutionäre Entwicklung ständig in Bewegung ist, bleibt es auch für die Zukunft eine niemals endgültig gelöste Frage, wie denn Kultur und Evolution in der jeweils gegebenen Epoche wieder zusammenwirken.

Kapitel 7
Die Zukunft der Sexualität – kein Sex mehr im 21. Jahrhundert?

Nie war Sex präsenter als heute. Dennoch verzichten immer mehr Menschen auch in intakten Beziehungen auf ihn. Ein Widerspruch in sich? Ein kursorischer Blick auf die Geschichte der Sexualität sowie ein Blick über den Sex hinaus in Richtung Liebe, Partnerschaft und Ehe kann erklären, wieso heute vielen die Lust auf Sex oft vergeht.

Das allmähliche Verschwinden sexueller Lust

Wohin das Auge sieht, überall begegnen uns erotische Bilder – beim Autofahren, beim Zeitunglesen, beim Fernsehen, beim Einkaufen. Ihre Botschaft lautet: Sex macht schön, erfolgreich und glücklich. Sex ist einfach, Sex ist konsumierbar, Sex ist alles.

Wirklich? Nach Einschätzung vieler Therapeuten nimmt die sexuelle Aktivität der Menschen in Deutschland im Vergleich zu den 1980er und 1990er Jahren deutlich ab. Dafür sprechen auch die Ergebnisse einer Studie der Universität Göttingen von 2005 mit 13 483 liierten Männern und Frauen: 17 Prozent hatten während des befragten Zeitraums von vier Wochen überhaupt keinen Sex. Die Mehrheit der Paare (57 Prozent) gab an, in diesem Zeitraum einmal mit dem Partner geschlafen zu haben. Nur rund jeder Vierte hatte regelmäßig ein- bis zweimal pro Woche Sex.

Singles tun es noch seltener: Nach einer Untersuchung

des Hamburger Sexualwissenschaftlers Gunter Schmidt mit knapp 800 Hamburgern und Leipzigern sind 60-jährige Paare im Schnitt sexuell deutlich aktiver als 30-jährige Singles.

Symptomatisch für die neue Abstinenz des dritten Jahrausends ist auch die Gründung der Internet-Community AVEN (*Asexual Visibility and Education Network*): 2001 eröffnete der damals 21 Jahre alte US-Amerikaner David Jay das erste mittlerweile weltweit bekannte und verbreitete Forum für »Asexuelle« – Menschen, die kein Bedürfnis nach Sex haben. Innerhalb von wenigen Jahren verzeichnete ›www.asexuality.org‹ bereits über zehntausend Mitglieder. Allein in Deutschland tauschen sich rund 3200 Menschen regelmäßig darüber aus, wie es sich damit lebt, keine Lust auf Sex zu haben und unter dieser Einstellung auch nicht zu leiden.

Asexuell, nichtsexuell, zölibatär?

Und so beschreibt dies ein Mitglied von AVEN, das für die öffentliche Akzeptanz von fleischlicher Unlust wirbt: ›Asexuell. Nichtsexuell. Antisexuell. Zölibatär. Diese Ausdrücke haben verschiedene Bedeutungsfelder, je nachdem, mit wem man spricht. Aber egal, wie man es definiert, mein ›Zustand‹ kann am besten anhand eines Satzes zusammengefasst werden: Ich will keinen Sex. So einfach ist das. Es ist nicht so, dass ich Sex aus dem Weg gehen würde, weil ich Angst davor habe, oder dass es das Resultat einer vermeintlichen moralischen Verpflichtung ist, oder dass ich lieber keine Familie gründen würde. Ich habe einfach kein Interesse an Sex, und ich mag es so.«

Dabei verstehen sich AVEN-Anhänger keineswegs als psychisch oder körperlich krank, sondern als völlig gesunde Menschen, deren geschlechtliche Orientierung nicht hetero-, homo- oder bi-, sondern eben asexuell ist. Das öffentliche Aufsehen, das mit diesem Anliegen einhergeht zeigt: In einem Zeitalter, in dem sexuelle Wünsche kaum gesellschaftlichen oder religiösen Zwängen mehr unterliegen, scheint es nur noch ein Tabu zu geben – überhaupt keinen Sex mehr zu wollen.

Orientierungslos überfordert?

Das 20. Jahrhundert stand unter dem Motto der sexuellen Liberalisierung, angestoßen von der Frauen-, Studentensowie der Homosexuellen-Bewegung. Die Befreiung breiter Bevölkerungsschichten aus sexuellen Zwängen durch die Abschaffung sexueller Tabus wurde angestrebt. Und die sexuelle Revolution hat in der Tat viele Tabus gebrochen: Sexualität konnte zu keiner Zeit so sanktionsfrei ausgelebt werden wie heute. Bewertungen von Sexualität in Richtung »pervers« oder »unmoralisch« sind im gesellschaftlichen Diskurs immer weniger zu finden. Und vielleicht sind einige Kapitel dieses Buches geeignet, diesen Prozess weiter zu befördern. Lediglich zwei Tabus sind erhalten geblieben: die Pädophilie und das Gewalttabu. Als zentrale Werte angesehen werden inzwischen die Gleichstellung der Geschlechter und die sexuelle Selbstbestimmung.

Der Trend zur Selbstbestimmung lässt sich klar an demographischen Fakten in unserer westlichen Gesellschaft ablesen: die Heiratsrate nimmt ab, die Kinderlosigkeit nimmt zu, die Scheidungsrate steigt, Ehen sind instabiler und das Eintrittsalter in die Institution Ehe liegt höher. Mit der beobachtbaren Abnahme sexueller Lust scheint in einem weiteren Sinne auch eine Abnahme von Liebe bzw. von Bereitschaft zu Partnerschaft und Ehe einherzugehen. Da es heute jedem (immer mehr) freigestellt ist, wie er und sie ihr sexuelles Leben gestalten, scheint es gerade so, als ob diese Wahlfreiheit überfordert. Die erreichte Selbstbestimmung und die Befreiung von sexuellen Einengungen werfen vielfältige neue Fragen auf, die weit über die Sexualität im engeren Sinne hinausreichen. Mit einem Blick zurück in die Zukunft sollen zum Schluss einige dieser Fragen aufgeworfen und diskutiert werden. Deshalb nochmals:

Sexualität, Liebe und Ehe im Wandel der Zeiten

In wohl jeder Gesellschaft werden Sexualbeziehungen dazu herangezogen, Familien zu gründen und Verwandtschaftsverhältnisse herzustellen. Die Partnerwahl zur Begründung einer Ehe erfolgte lange Zeit beinahe ausschließlich vor dem Hintergrund wirtschaftlicher oder anderer rationaler Gründe. Es scheint fast so, als seien in früheren Zeiten sexuelles Begehren und Verliebtheit viel enger als heute mit dem Wunsch nach einem sicheren Eheleben zusammen mit dem Partner verbunden gewesen.

Wie die Sexualität folgt auch die Liebe und Partnerwahl kulturell geformten Voraussetzungen. Für alle drei Bereiche gibt es kulturell und gesellschaftlich konstruierte und sich mit der Zeit stets wandelnde Kommunikations- und Interaktionsmodelle. Entsprechend diesen sind bestimmte

Regeln zu beachten und zu befolgen. Andernfalls sind gesellschaftlich oder kulturell legitimierte Restriktionen zu erwarten. Diese symbolträchtigen Kommunikations- und Interaktionsmodelle verändern sich kontinuierlich in dem Maße, wie sich kulturelle und gesellschaftliche Einstellungen zur Sexualität, Liebe und Ehe verändern.

Sexualität und Liebe nach der Reformation

Im Zeitalter der Reformation und Gegenreformation wurde seitens beider kirchlicher Strömungen, der evangelischen wie katholischen, die Ehe als ausschließlicher Ort sexueller Interaktion festgelegt und seitens der staatlichen Obrigkeit auf Druck beider Kirchen vor- und außereheliche Beziehungen unter Strafe gestellt. In den folgenden zwei Jahrhunderten wurde vor allem aus rationalen und ökonomischen Erwägungen geheiratet, mit Vorliebe innerhalb der eigenen sozialen Schicht. Und je höher der soziale Status war, umso strikter wurde auf Gleichartigkeit im erreichten Status jener Familien geachtet, aus denen Partner oder Partnerin kamen.

Offiziell war bis in das 17. Jahrhundert hinein in der Ehe wenig Platz für Liebe und Leidenschaft. Inoffiziell jedoch – wie dies von Niklas Luhmann (1927–1998) in seinem Buch *Liebe als Passion* herausgearbeitet wurde – lockerte sich die Eheauffassung zunehmend in die Richtung, dass sich »Mann« die Freiheit nahm, in außerehelichen Beziehungen leidenschaftlich zu lieben. In diesem abweichenden Interaktionsmuster wurde diese leidenschaftliche Liebe (*amour passion*) verstanden als Mysterium, als wenig kontrollierbarer körperlich-geistiger Ausnahmezustand, der gelegentlich sogar öffentlich auffällig werdende Exzesse selbst in den höchsten Gesellschaftsschichten rechtfertigte: Etwa das Hofieren einer Geliebten gehörte dazu – ein Verhalten, das bei der bereits angetrauten Gattin eher ungewöhnlich gewesen wäre. Auch wurde häufiger über das passive Leiden an einer Liebeskrankheit berichtet.

Romantische Liebe

Ganz allmählich – im 18. Jahrhundert – verlagerte sich dieses von Leidenschaft getragene Interaktionsmuster auch in das Vorfeld der Ehe hinein. Theater und Musikstücke feierten zunehmend das große Liebesleid und die Ewigkeit versprechende Liebe. Der weitere Verlauf der Leidenschaft verdeutlichte dann jedoch ihre zeitliche Begrenzung, ihre Kurzlebigkeit und Instabilität. Zwar will sexuelles Begehren und Liebe tiefe Ewigkeit, erweist sich auf längere Sicht jedoch als Fiktion, und zwar insbesondere dann, wenn sie sich außerehelich vollzieht.

In dem Maße, in dem für die Eheschließung familiendynastische Erwägungen unwichtiger wurden, bildeten sich neue Interaktions- und Kommunikationsmuster für die Gattenwahl heraus. Die Leidenschaft verschob sich zunehmend in Richtung einer romantischen Liebe, und zwar auch bereits vor der Ehe, und versöhnte auf diese Weise Liebe und Ehe quasi miteinander. In dieser Zeit fand die Sexualität nicht nur ihre Bezeichnung, sondern sie wurde – als man endlich ein Wort für den Sex unter Paaren gefunden hat – Bedingung für den Erhalt der Liebe. Mitten im Zeitalter, das wir heute Romantik nennen, scheint sich die Ehe in kultureller Konstruktion und ihrer gelebten Entsprechung aus einer romantischen Verliebtheit heraus zu entwickeln, und die Liebesehe wird zum ersehnten Ideal. Die eheliche Partnerschaft scheint damit zum obligatorischen Ort von wechselseitigen Empfindungen und Gefühlen, von Liebe und Sexualität geworden zu sein.

Die Romantik feiert den Höhepunkt jeder leidenschaftlichen Verliebtheit mit dem glamourösen Höhepunkt, d.h. mit der Hochzeit des Paares. Romane, Theaterstücke, Operetten und Opern jener Zeit enden genau dort. Und dieses Interaktionsmodell überträgt sich von der Bühne ins reale Leben. Ein vermeintlicher Vorteil? Das, was nach der Hochzeit passiert, will man offenkundig gar nicht wissen. Verspricht eine Heirat vielleicht also doch nicht die zuvor gelobte ewige Liebe, sondern nur gähnende Langeweile? Die Romantik jedenfalls entlässt ihre Kinder in eine Ehe, ohne sie mit entsprechenden Vorbildern für Interaktions- und Kommunikationsmuster zu versorgen, die in der nachfolgenden ehelichen Beziehung tragfähig bleiben könnten.

Das Interaktionsmodell der romantischen Liebe mit der glamourösen Hochzeit als Abschluss findet sich übrigens bis in die Gegenwart hinein. Vielleicht liegt hier, in einem möglicherweise falsch verstandenen, übertriebenen romantischen Idealismus ja eine der Wurzeln für die zunehmende Asexualität, und diese hinterlässt verunsicherte Paare, die nach der Phase der Verliebtheit in einen sexuellen Alltag übergehen, der zwar normal ist, jedoch gänzlich neue Anforderungen an die Eheleute stellt.

Auf dem Weg in die Gegenwart

Die vorindustrielle Familie musste noch zusammenhalten. Sie war eine Wirtschaftsgemeinschaft, bestehend aus der Kernfamilie, aus Verwandten und Gesinde, also eine Gruppe von Menschen, die sich vielfach durch gemeinschaftliche Produktion selbst versorgte. Durch die Industrialisierung im 19. Jahrhundert löste sich diese Wirtschaftsform auf. Die industrielle Produktion in Fabriken ersetzte die Hausproduktion und trennte vielerorts Wohn- und Arbeitsplatz voneinander. Zeitweilig waren die Familienmitglieder auch noch weiterhin zwingend aufeinander angewiesen, die Frau abhängig vom Verdienst des Mannes, er wiederum, um arbeiten zu können, abhängig von der Versorgung durch die Frau, die zugleich für die Kinder zuständig blieb.

Aber auch dieses Modell löste und löst sich mit dem ganz allgemein wachsenden Wohlstand auf. Es wird zunehmend leichter, sich Versorgungsleistungen zu kaufen: Es gibt immer mehr neue Wohn- und Küchentechniken, Waschsalons, Haushaltshilfen und Supermärkte, in denen man zeitsparend einkaufen kann. Die Situation der Ehe, der Liebe und damit der Sexualität beginnt sich grundlegender als jemals zuvor zu wandeln. Heute haben in der westlichen Welt die Eltern kaum noch Einfluss auf die Partnerwahl ihrer Kinder. Man ist bei der Partnersuche auf sich allein gestellt und letztlich angewiesen auf mehr oder weniger zufällige Begegnungen. Es gibt kaum noch Außenhalt durch Familie im obigen, weiter gedachten Sinn, sondern die erhoffte Stabilität einer Beziehung muss aus sich selbst heraus erwachsen.

Das Zeitalter der sexuellen Liberalisierung

Als junge Menschen in den 1960er Jahren damit begannen, sich gegen gesellschaftlich auferlegte Zwänge, Herrschaftsmechanismen und Unterdrückungsstrukturen in Staat und Gesellschaft aufzulehnen, wurde in diesen Prozess auch die Befreiung der Sexualität einbezogen. Bereits seit den 1950er Jahren hatten die (in Kapitel 2 erwähnten) Untersuchungen von Alfred Kinsey und seinen Mitarbeitern über die Sexualität der Frau und des Mannes einen Liberalisierungsprozess in der öffentlichen Einstellung in Gang gesetzt. Die Entwicklung der Antibabypille in den 1960er Jahren stellte eine wichtige Voraussetzung dafür dar, dass die neue sexuelle Freiheit überhaupt erst gelebt werden konnte: Ohne das Risiko einer Schwangerschaft kamen für Frauen nun auch Intimpartner infrage, an die sie sich nicht fest binden mussten oder wollten.

Doch bleibt die Frage: Konnten die mit der Liberalisierung einhergehenden Erwartungen an eine sexuelle Befreiung tatsächlich eingelöst werden? Im deutschsprachigen Raum wurde in einigen Studien mit Wiederholung in größeren Zeitabständen das Sexualverhalten junger Menschen im Alter zwischen elf und 30 Jahren von Forschergruppen um Volkmar Sigusch, Ulrich Clement und Gunter Schmidt bis in die späten 1990er Jahre hinein untersucht.

Danach spielt zum Beispiel die Masturbation heute eine größere Rolle als in den Jahrzehnten zuvor. Sie wird zunehmend häufiger praktiziert und hat sich von einer bloßen Ersatzbefriedigung zu einer eigenständigen Sexualform gewandelt, der sich Erwachsene auch unabhängig von der Häufigkeit und Güte der Befriedigung in sexueller

Partnerschaften hinzugeben scheinen. Negative Auswirkungen durch Selbstbefriedigung haben sich bis heute nicht nachweisen lassen – eher im Gegenteil: Menschen scheinen mit ihrer partnerschaftlich ausgeübten Sexualität umso zufriedener zu sein, je häufiger sie zuvor in ihrem Leben auch masturbiert hatten. Außerdem scheint die Initiative zum Geschlechtsverkehr heute zunehmend von Frauen auszugehen. In dieser Hinsicht tragen die Bemühungen der Frauenbewegung für sexuelle Gleichberechtigung sichtbar Früchte.

Passagere serielle Monogamie

Gleichzeitig haben zentrale Wertvorstellungen wieder eine konservativere Färbung angenommen – zumindest teilweise. Vor allem junge Erwachsene sehnen sich weniger nach hemmungsloser sexueller Freizügigkeit als vielmehr nach einer festen Beziehung mit gegenseitigem Treuegelöbnis – und zwar oft romantisch eingefärbt, d.h. am liebsten so lange, bis der Tod sie scheidet. Auf dem Weg dorthin werden jedoch mehrere intime Partnerschaften erprobt: »Passagere serielle Monogamie« heißt das sperrige, aber treffende Schlagwort für das Paarungsverhalten im 21. Jahrhundert. Und trotzdem scheinen junge Leute Sex stärker als noch eine Generation zuvor an Liebe und Treue zu binden. Männliche Jugendliche sind zwar anscheinend eher nicht so romantisch wie junge Frauen, legen aber, so belegen Untersuchungen, großen Wert auf gegenseitiges Verstehen und Vertrauen.

Andererseits zeigt sich das Phänomen der seriellen Monogamie inzwischen auch in ehelichen Bindungen. Die

Scheidungsrate ist seit den 1970er Jahren kontinuierlich gestiegen. Entsprechend den Daten des Statistischen Bundesamtes hält eine Ehe ohne Kinder inzwischen durchschnittlich nur noch sechs Jahre. Auch der Anteil der Spätscheidungen ist deutlich angewachsen: Zur Trennung kommt es häufig dann, wenn die Kinder erwachsen werden und das Elternhaus verlassen. Ohne Erziehungsaufgabe wissen viele Paare offenkundig nur noch wenig mit sich anzufangen.

Sexuelle Kultur ohne Tabu

Fast zeitgleich beobachten Sexualforscher eine zunehmende sexuelle Inaktivität – auch in bestehenden Partnerschaften. Neben der eingangs des Kapitels beschriebenen zölibatären Radikalabkehr vom Sex dokumentieren Langzeituntersuchungen gegenwärtig ein insgesamt eher als karg zu bezeichnendes Sexualleben zwischen Männern und Frauen: Statistisch gesehen hat rund die Hälfte der in westlichen Gesellschaften befragten Paare inzwischen seltener als einmal in der Woche Geschlechtsverkehr.

Die Zahl sexuell inaktiver Personen ist heute beträchtlich angestiegen. Der liberalisierte Umgang mit Sexualität hat also nicht zur Vermehrung von Begierde und Leidenschaft geführt. Im Gegenteil: In dem Maße, in dem die traditionelle Sexualmoral mit ihren Verboten und Sanktionen und Schuldgefühlen abgelöst wurde, macht sich scheinbar Langeweile breit. Offensichtlich setzten gerade die unerfüllten, oft verbotenen oder tabuisierten sexuellen Wünsche und Bedürfnisse eine unglaubliche Triebkraft und Intensität in Gang. Die kulturell sanktionierte, nicht erfüllte oder nur heimlich mögliche Sexualität trug erheblich zur wechselseitigen Anziehung der Geschlechter bei und war nicht ohne Grund ein unverzichtbares Kernelement jeder guten schöngeistigen Literatur, Operette oder Oper.

Es sieht also fast so aus, als seien gerade Tabus notwendige Voraussetzungen für eine höhere Kultur der Lüste. Sich gemeinsam dem Unbekannten oder Verbotenen auszuliefern, bedingt gegenseitiges Vertrauen. Grenzen, die gemeinsam überschritten werden, dienen nicht nur der Sexualisierung, sondern auch der Bindung aneinander. Heute hingegen scheint in Sachen Sex fast alles möglich und wird entsprechend toleriert. Die öffentlichen, teils banalen Dauerdarstellungen von und über Sexualität in den Medien, Talkshows und Fernsehserien tragen ihr Übriges dazu bei, dass ein wichtiges Element sexueller Lust und Begierde noch weiter verloren geht.

Neue Orte der Heimlichkeiten

Oder anders gewendet: Die Sexualität hat in dem Maße, wie sie zu einer tolerierten Form des Umgangs zwischen Menschen wurde, einen Teil ihrer subversiven Kraft eingebüßt. Kein Wunder, dass sie sich selbst immer wieder neue Orte der Heimlichkeit, Phantasiewelten und vermeintliche Tabuzonen sucht. So boomen heute anonymisierte Formen des Sexuellen, bei denen ausdrücklich auf intime körperliche Kontakte verzichtet wird – Peepshows, Videokabinen sowie Telefon- und Cybersex sind besonders prägnante Beispiele für diese neue Ausrichtung.

Vielleicht lässt sich angesichts des Mangels an sexuellen Verbotszonen auch begreifen, warum die destruktive Sphäre der Sexualität auch im 21. Jahrhundert nicht besiegt worden ist. Die Stichworte sind hinlänglich bekannt: frauenverachtende Pornographie, sexuelle Belästigungen am Arbeitsplatz, alltäglicher Sexismus, Inzest, sexueller Missbrauch und sexuelle Gewalt. Schockierte das öffentliche Gewissen vor 200 Jahren noch der Anblick eines nackten Damenknöchels, so sorgte noch in den 1960ern ein nackter Busen im Kinofilm für Skandale. Um den Zuschauer von heute bei der Stange zu halten, dringen die Medien immer tiefer in die Tabuzonen vor und peppen bereits das Vorabendprogramm mit der Darstellung destruktiver sexueller Empfindungen und Praktiken wie etwa Hass, Eifersucht, Macht sowie Missbrauch oder Vergewaltigung auf.

Idealer Sex auf allen Kanälen

Natürlich ist der moralische Schleier, der einstmals die Sexualität verhüllte, nicht völlig gelüftet. Auf den ersten Blick scheint es so, als sei die Sexualität nur individualisiert worden. Das aber ist nur die eine Seite der Medaille. Denn die neue individuelle Sexualmoral entsteht nicht unabhängig von Bildern und Vorstellungen, die in der Öffentlichkeit vertreten werden – auch in bezug auf die Ansprüche an eine positiv gelebte Sexualität.

Vermittelt über die Medien wird Sexualität inzwischen als Ausdruck eines gesunden Selbstwertgefühls mit hoher Leistungsfähigkeit verknüpft. Oder wie es der Zukunftsforscher Matthias Horx vor kurzem in seiner Studie *Sexstyles 2010* für den Erotikkonzern Beate Uhse formuliert: Für eine gute Partnerschaft ist guter Sex heute ein Muss! Inszenierung und stolze Präsentation der eigenen

Fähigkeiten werden zu den wichtigsten Komponenten des Liebeslebens.

Und so prophezeit Horx denn auch, wie der ideale Liebhaber jeden Alters im 21. Jahrhundert aussehen soll: Da sind zunächst die »Experimentierfreudigen« im Alter zwischen 20 und 30 Jahren, die Sex nebenbei und ohne weitere Verpflichtung genießen und sich ihre Beziehung(en) durch sexuelle Grenzerfahrungen aufheizen. Daneben angeln sich die »Cool Cats« unter den Frauen bis Mitte 30 selbstbewusst nicht nur den einen, sondern jeden Mann, den sie haben wollen. Weiter pflegen die »Zwanglosen« zwischen 30 und 50 Jahren, zu deren Persönlichkeitsprofil perfektes Aussehen, Jugend und Sportlichkeit gehören, neben dem Fitnessstudio ihr zweites regelmäßiges Hobby, nämlich guten Sex. Und dann gibt es da noch die »extravaganten Damen« jenseits der 40 – sie genießen als gut situierte Karrierefrauen auch in puncto Erotik alle Freiheiten, jüngere Liebhaber eingeschlossen. Nicht zu vergessen sind schließlich die »Sex Gourmets« ab 50 Jahren, deren Reife und Erfahrung das Liebesspiel gelassen und abwechslungsreich werden lässt.

Kehrseite überhöhter Ansprüche

Solchermaßen propagierte Ideale erzeugen überhöhte Ansprüche und Erwartungsdruck gegenüber sich und dem Partner. Sieht die Realität dann anders aus, stellt sich schnell das Gefühl ein, versagt zu haben. Nicht von ungefähr hat im Verlauf der sexuellen Liberalisierung die Zahl der sexuellen Funktionsstörungen kontinuierlich zugenommen (siehe hier Kapitel 4). Auf den Punkt gebracht zeigen aktuelle Forschungsergebnisse zu dieser Frage: Gut ein Drittel der Bevölkerung scheint unter Problemen mit dem Sexualleben zu leiden.

Kommen Paare wegen zunehmender Konflikte in der Partnerschaft zu einem Psychotherapeuten, werden inzwischen in drei Vierteln aller Fälle Probleme mit der Sexualität als belastendstes Konfliktthema angegeben (so der Braunschweiger Partnerschaftsforscher Kurt Hahlweg). Aber auch bei Paaren, die keine Experten konsultieren, stellen Probleme mit der Sexualität als Konfliktthema inzwischen das drängendste Problem. So scheinen beim Sex mittlerweile zwar viele äußere Zwänge verschwunden zu sein. Dies gilt jedoch keineswegs für die inneren Zwänge, die im Privaten aufgebaut werden.

Blick in die Zukunft

Kann man trotz dieser Zahlen auch positive Entwicklungen in der Folge der sexuellen Liberalisierung ausmachen? Ein Verdienst ist sicher, dass zerrüttete Ehen nicht mehr bis zum bitteren Ende gelebt und ausgehalten werden müssen. Auch dass die sexuelle Initiative heute gleichberechtigter als noch vor Jahrzehnten von beiden Geschlechtern ergriffen wird, geht auf das Konto der sexuellen Liberalisierung. Viele Frauen genießen neue Freiheiten und bestimmen mit, wie sich intime sexuelle Beziehungen gestalten sollen. Die meisten Männer scheinen das verstanden zu haben, denn repräsentative Umfragen zeigen: Eine große Mehrzahl der Frauen fühlt sich heute von Männern respektiert.

Diese Entwicklung scheint das Ergebnis einer neuen Verhandlungsmoral zu sein, die sich in den letzten Jahrzehnten herausgebildet hat. Wurde früher die sexuelle Moral von Kirche, Staat oder anderen Institutionen konstruiert, so entscheidet heute oft ein Paar mehr oder weniger allein darüber, wie sich sexuelle Kontakte gestalten sollen. Die moralische Beurteilung von außen fällt häufig weg – einmal abgesehen von medialen Einflüssen, denen man sich schwer entziehen kann. So ist alles erlaubt, solange man sich in der Partnerschaft einig ist.

In einer solchen Verhandlungsmoral als neuem Interaktionsmodell sieht der Sexualforscher Gunter Schmidt jedoch einen weiteren Grund für das Problem der zunehmenden sexuellen Unlust. Sexualität werde auf etwas Verbales reduziert, was zur allgemeinen Rationalisierung des Sexuellen führe. In eine ähnliche Richtung argumentiert sein Kollege Volkmar Sigusch. Sigusch beispielsweise konstatiert, dass die Sexualität heute nicht mehr als die Lust- und Glücksgewinnmöglichkeit schlechthin begriffen werden kann. Wir scheinen zwar sexuell aktiv zu sein, aber wichtige Komponenten fehlen, etwa Spontaneität und Regellosigkeit, Hingabe und Ekstase, Risiko und Subjektivität. Sigusch sieht in der Verhandlungsmoral deshalb kritisch die paradoxe Unmöglichkeit aufscheinen, einerseits selbstlos zu lieben, andererseits alles Sexuelle jedoch aushandeln zu wollen. Damit erreicht – so Sigusch – das Kommunikationsmodell der Verhandlungsmoral einen bemerkenswerten historischen Sieg der kollektiven Sexualhemmung, mit seinen Worten: einen Sieg der sozialen Impotenz.

Nun, diese Warnung ist sicherlich reichlich überspitzt formuliert. Glaubt man der Forschung, orientieren sich die Menschen zu Beginn des 21. Jahrhunderts, wie bereits dargelegt, wieder an konservativen Beziehungsvorstellungen – nur mit dem Unterschied, dass Beziehungen kündbar geworden sind. Die hohe Bewertung der Treue und die offenkundig steigende Treuepraxis verweisen neuerdings auf eine zeitliche Begrenzung der Treue. Hier findet sich vielleicht eine der wichtigsten Änderungen gegenüber früher, da Treue heute nämlich nicht mehr an eine Person oder an die Institution Ehe gebunden ist, sondern an ein Gefühl. Liebe und Sexualität halten sich so lange die wechselseitige Treue, solange beide Partner ihre Beziehung als intakt und befriedigend erleben.

Deshalb gilt es, den Sexualwissenschaftlern für ihre Voraussagen über die Zukunft der Sexualität und Liebe zwingend folgenden Rat mit auf den Weg zu geben: Sie sollten bei ihren Analysen immer auch einen Blick auf die mit zwei Dritteln größere Gruppe in unserer Gesellschaft werfen, die bei Befragungen nicht über sexuelle Probleme berichtet. Die Betreffenden scheinen nämlich mit ihrem Sexualleben weitgehend bis sogar sehr zufrieden zu sein – unabhängig davon, ob sie es nun ein, zwei oder kein Mal pro Woche tun.

Textnachweise und weiterführende Literatur

Allgemein

P. Fiedler (2004), *Sexuelle Orientierung und sexuelle Abweichung. Heterosexualität – Homosexualität – Transgenderismus und Paraphilien – sexueller Missbrauch – sexuelle Gewalt*, Weinheim: Psychologie Verlags Union.

V. Sigusch (2005), *Neosexualitäten. Über den kulturellen Wandel von Liebe und Perversion*, Frankfurt a.M.: Campus Verlag.

Kapitel 1 und 2

Quellen der historischen Zitate: S. 13–15: Platon (2006), *Symposion*, übers. von Thomas Paulsen und Rudolf Rehn, Stuttgart: Reclam, 181a–182a, 191d–192d. – S. 17f.: Plotin (1878), *Die Enneaden*, übers. von Hermann Friedrich Müller, Bd. 1, Berlin: Weidmann, S. 203 (»Über den Eros«). – S. 19,20: *Die Bibel oder die ganze Heilige Schrift des Alten und Neuen Testaments nach der deutschen Übersetzung Martin Luthers, neu durchges. nach dem vom Deutschen Evangelischen Kirchenausschuß genehmigten Text* (1912), Stuttgart: Deutsche Bibelgesellschaft. – S. 21–23: Augustinus (2008), *Bekenntnisse*, übers. von Kurt Flasch und Burkhard Mojsisch, Stuttgart: Reclam, S. 63f. – S. 24: *Die Peinliche Gerichtsordnung Kaiser Karls V. (Carolina)* (2000), Stuttgart, S. 76. – S. 26: Girolamo Fracastoro (1988), *Lehrgedicht über die Syphilis*, übers. von Georg Wöhrle, Bamberg: Wendel, S. 89/91. – S. 27f.: Simon-André-David Tissot (1782), *Von der Onanie, oder Abhandlung über die Krankheiten, die von der Selbstbefleckung herrühren*, Wien, S. 91f. – S. 28f.: Denis Diderot, *Das Gespräch zwischen d'Alembert und Diderot* (1967), in: D.D., *Philosophische Schriften*, Bd. 2, Berlin, S. 575. – S. 30: *Encyclopédie* (1765), Bd. 10, Neufchastel [reprogr. Nachdr. Stuttgart-Bad Cannstatt 1966], S. 52 (Übers. von Ludger Vorberg).

Vgl. dazu: L. Lütkehaus (1991), *»O Wollust, o Hölle«. Die Onanie – Stationen einer Inquisition*, Frankfurt a.M.: Fischer.

Als Einführung in die Geschichte der Sexualität gelten nach wie vor die Werke von Michel Foucault (1926–1984) als besonders lesenswert, von denen unter soziologisch-psychologischer Perspektive zwei Buchpublikationen zur Vertiefung empfohlen werden: (a) M. Foucault (1976), *Histoire de la sexualité*, Bd. 1: *La volonté de savoir*, Paris: Editions Gallimard [dt.: (1977) *Sexualität und Wahrheit*, Bd. 1: *Der Wille zum Wissen*, Frankfurt a. M.: Suhrkamp]; (b) M. Foucault (1999), *Les anormaux. Cours au Collège de France, 1974–1975*, Paris: Edition du Seuil et Edition Gallimard [dt.: (2003) *Die Anormalen. Vorlesungen am Collège de France (1974–1975)*, Frankfurt a. M.: Suhrkamp].

Neben zahlreichen im Text genannten Schriften von Magnus Hirschfeld (1868–1935) markieren insbesondere die Arbeiten von Sigmund Freud (1856–1939) den Beginn einer modernen Auseinandersetzung mit der Sexualität; im Mittelpunkt steht seine nach wie vor diskutierte Buchpublikation aus dem Jahr 1905: S. Freud (2010), *Drei Abhandlungen zur Sexualtheorie*, Stuttgart: Reclam, »Die sexuellen Abirrungen«, S. 13–55 (zu den zitierten Stellen im vorliegenden Band S. 50 f. vgl. ebd., Fußnoten 11 und 12 sowie ebd., S. 42).

Das sogenannte Zeitalter der sexuellen Liberalisierung wurde durch zwei Untersuchungen von Alfred Kinsey und seinen Mitarbeitern zum Sexualverhalten von Frauen und Männern eingeläutet: (a) A. C. Kinsey / W. B. Pomeroy / C. E. Martin (1948), *Sexual behavior in the human male*, Philadelphia: Saunders [dt.: (1955) *Das sexuelle Verhalten des Mannes*, Frankfurt a. M.: Fischer]; A. C. Kinsey / W. B. Pomeroy / C. E. Martin (1953), *Sexual behavior in the human female*, Philadelphia: Saunders [dt.: (1954) *Das sexuelle Verhalten der Frau*, Frankfurt a. M.: Fischer]. In Deutschland wurde diese Entwicklung vor allem durch folgendes Lehrbuch vorangebracht: E. J. Haeberle (1983), *Die Sexualität des Menschen*, Berlin: Walter de Gruyter.

Zur vertiefenden Auseinandersetzung mit der Geschichte der Homosexualität bis hin zur Gegenwart sind folgende Werke empfehlenswert: (a) M. Dannecker (1978/2001), *Der Homosexuelle und die Homosexualität*, Hamburg: Europäische Verlagsanstalt; (b) U. Rauchfleisch (³2001), *Schwule, Lesben, Bisexuelle. Lebensweisheiten, Vorurteile, Einsichten*, Göttingen: Sammlung Vandenhoeck; (c)

. Fiedler (2004), *Sexuelle Orientierung und sexuelle Abweichung*. – Das Zitat S. 46 folgt A. Hartwich, *Die Verirrungen des Geschlechtslebens. Nach Krafft-Ebing, Psychopathia sexualis, eine medizinisch-gerichtliche Studie für Ärzte und Juristen*, bearb. und hrsg. von A. H., Zürich 1937, [Vorwort].

Kapitel 3

Literatur: Zur Entwicklung der Geschlechtsidentität gibt es zwei empfehlenswerte Überblicksarbeiten: (a) J. Money (1994), »Zur Geschichte des Konzepts Gender Identity Disorder«, *Zeitschrift für Sexualforschung* 7, S. 20–34; (b) F. Pfäfflin (2003), »Anmerkungen zum Begriff der Geschlechtsidentität«, *Psychodynamische Psychotherapie* 2, S. 141–153.

Für einen ausführlichen Überblick über den Stand der Diskussion empfiehlt sich: J. Archer / B. Lloyd (²2002), *Sex and Gender*, Cambridge: Cambridge University Press.

Die im Text zitierten Untersuchungen zur Sexualität in der Jugend lassen sich detailliert in folgenden Publikationen nachvollziehen: (a) U. Clement (1986), *Sexualität im sozialen Wandel*, Stuttgart: Enke; (b) G. Schmidt (Hrsg., 1993), *Jugendsexualität*, Stuttgart: Enke; (c) V. Sigusch (2001), »Kultureller Wandel der Sexualität«, in V. Sigusch (Hrsg.), *Sexuelle Störungen und ihre Behandlung* (3. Aufl., S. 16 – 52). Stuttgart: Thieme; (d) G. Schmidt (2005), *Das neue Der Die Das. Über die Modernisierung des Sexuellen*, Gießen: Psychosozial Verlag.

Mit der sogenannten San-Francisco-Studie wurden wesentliche neue Einsichten in die Entwicklung der sexuellen Partnerorientierung zutage gefördert, nachzulesen bei: (a) A.P. Bell / M.S. Weinberg (1978), *Homosexuality: A study of diversity among men and women*, New York: Simon and Schuster; (b) A.P. Bell / M.S. Weinberg / S.K. Hammersmith (1981), *Sexual preferences: Its development in men and women*, Bloomington: Indiana University Press.

Ein theoretischer Rahmen zur Erklärung der Unterschiede zwischen hetero- und homosexuellen Entwicklungen wurde von Daryl Bem mit seiner EBE-Theorie vorgelegt: (a) D.J. Bem (1996), »Exotic

Becomes Erotic: A developmental theory of sexual orientation«, *Psychological Review* 103, S. 320–335; (b) D.J. Bem (2000), »Exotic Becomes Erotic: Interpreting the biological correlates of sexual orientation«, *Archives of Sexual Behavior* 29, S. 531–548. – Eine Diskussion des Forschungsstandes zur Bisexualität findet sich bei U. Goos (2003), »Konzepte der Bisexualität«, *Zeitschrift für Sexualforschung* 16, S. 51–65.

Wer sich näher mit den Phänomenen Transsexualität und Transgenderismus auseinandersetzen möchte, findet vertiefende Überblicke in folgenden drei Werken: (a) U. Clement / W. Senf (1996) *Transsexualität. Behandlung und Begutachtung*, Stuttgart: Schattauer; (b) P.T. Cohen-Kettenis / F. Pfäfflin (2003), *Transgenderism and Intersexuality in Childhood and Adolescence*, Thousand Oaks (CA): Sage Publications; (c) R. Ekins / D. King (2006), *The Transgender Phenomenon*, Thousand Oaks (CA): Sage Publications.

Kapitel 4

Zur Erklärung und Behandlung sexueller Funktionsstörungen gibt es inzwischen zahlreiche Buchpublikationen, von denen hier folgende wegen ihrer guten wissenschaftlichen Fundierung empfohlen werden: (a) U. Clement (2004), *Systemische Sexualtherapie*, Stuttgart: Klett-Cotta; (b) B. Gromus (2002), *Sexualstörungen der Frau*, Göttingen: Hogrefe Verlag für Psychologie; (c) G. Kockott / E.M. Fahrner (2000), *Sexualstörungen des Mannes*, Göttingen: Hogrefe Verlag für Psychologie.

Die meisten Behandlungsprogramme für sexuelle Funktionsstörungen nehmen Bezug auf Therapievorschläge, die von William Masters und Virginia Johnson bereits in den 1960er Jahren entwickelt wurden: (a) W. H. Masters / V. E. Johnson (1967), *Die sexuelle Reaktion*, Frankfurt a.M.: Akademische Verlagsgesellschaft; (b) W.H. Masters / V.E. Johnson (1970), *Human sexual inadequacy*, Boston: Little Brown [dt.: (1973) *Impotenz und Anorgasmie*, Hamburg: Goverts, Krüger & Stahlberg].

Die erwähnte repräsentative Erhebung zum Vorkommen sexueller

Funktionsstörungen in der Bevölkerung wurde von Soziologen an der Universität von Chicago durchgeführt: E. O. Laumann / A. Paik / R. C. Rosen, (1999), »Sexual dysfunction in the United States: prevalence and predictors«, *Journal of the American Medical Association* 281, S. 537–544. Und dass und warum Patienten ihren Ärzten und sogar Psychotherapeuten gegenüber Probleme mit der Sexualität verheimlichen, kann man in folgender Studie nachlesen: A. E. Kelly / K.-H. Yuan (2009), »Clients' secret keeping and the working alliance in adult outpatient therapy«, *Psychotherapy: Theory, Research, Practice, Training* 46 (2), S. 193–202.

Zu den Problemen partnerschaftlicher Kommunikation und den Möglichkeiten, Schwierigkeiten zu vermeiden bzw. zu einem liebevollen und intimen Umgang miteinander zurückzukehren, haben folgende Autoren beachtenswerte Bücher verfasst: (a) D. Revenstorf (2008), *Die geheimen Mechanismen der Liebe. 7 Regeln für eine glückliche Beziehung*, Stuttgart: Klett-Cotta; (b) L. Schindler / K. Hahlweg / D. Revenstorf (2008), *Beziehungsprobleme meistern – ein Handbuch für Paare*, Heidelberg: Springer; (c) N. Heinrichs / G. Bodenmann / K. Hahlweg (2008), *Prävention bei Paaren und Familien*, Göttingen: Hogrefe.

Kapitel 5

Die Ausarbeitung dieses Kapitels basiert wesentlich auf Forschungsarbeiten, die im zweiten Hauptteil meines eigenen Buches dargestellt und kommentiert wurden: P. Fiedler (2004), *Sexuelle Orientierung und sexuelle Abweichung*, a. a. O.

Wer sich über allgemeine und spezifische Hintergründe und Entwicklungsbedingungen sexueller Devianz ein konkretes Bild machen möchte, dem seien die Fallberichte in folgendem Buch als Lektüre empfohlen: A. Marneros (³2007), *Sexualmörder, Sexualtäter, Sexualopfer. Eine erklärende Erzählung*, Bonn: Edition Das Narrenschiff im Psychiatrie-Verlag.

Kapitel 6

Für das Einbringen kulturpsychologischer Überlegungen in die Diskussion über sexuelle Gewalt gilt insbesondere eine Publikation der Frauenrechtlerin und Journalistin Susan Brownmiller aus dem Jahr 1975 als wegweisend, die erst kürzlich neu aufgelegt wurde S. Brownmiller (2000), *Gegen unseren Willen. Vergewaltigung und Männerherrschaft*, Frankfurt a. M.: Fischer. – Viele ihrer Thesen ließen sich wiederholt in Forschungsarbeiten bestätigen; hierzu vertiefend beispielsweise: (a) P. R. Sanday (1981), »The socio-cultural context of rape: A cross-cultural study«, *The Journal of Social Issues* 37 S. 5–27; (b) R. Hale (2003), »Motives of reward among men who rape«, in C. Hensley / R. Tewksbury (Hrsg.), *Sexual deviance. A reader* (S. 91–103), London: Lynne Rienner.

Evolutionstheoretische Erklärungen sexueller Gewalt und zugehörige Forschungsergebnisse, die in diesem Kapitel dargestellt und diskutiert wurden, finden sich u. a. in folgenden Publikationen: (a) R. Thornhill / C. T. Palmer (2000), *A natural history of rape: Biological bases of sexual coercion*, Cambridge: MIT Press; (b) N. M. Malamuth (1998), »An evolutionary-based model integrating research or the characteristics of sexually coercive men«, in J. G. Adair / D. Belanger (Hrsg.), *Advances in psychological science*, Bd. 1: *Social, personal and cultural aspects* (S. 151–184), Mahwah (NJ): Lawrence Erlbaum.

Zur Frage des Einflusses von Evolution oder Kultur auf das Phänomen sexueller Gewalt gibt es bereits länger auch eine Diskussion von Autoren, die dem psychoanalytischen Denken nahestehen Ausgangspunkt war dabei eine Arbeit von Sigmund Freud (1930) *Das Unbehagen in der Kultur*, Wien: Internationaler Psychoanalytischer Verlag. Und die von ihm angeregte Diskussion wurde regelmäßig erneut aufgegriffen, beginnend mit Norbert Elias (1939), *Über den Prozess der Zivilisation* (2 Bde.), Basel [erneut (1976), Frankfurt a. M.: Suhrkamp], bis hin zu Hans Peter Duerr (2003), *Die Tatsachen des Lebens. Vom Mythos des Zivilisationsprozesses*, Frankfurt a. M. Suhrkamp.

Kapitel 7

Zur vertiefenden Auseinandersetzung mit den etwas düster angehauchten Thesen dieses Kapitels können folgende Publikationen empfohlen werden: (a) N. Luhmann (1982), *Liebe als Passion. Zur Codierung von Intimität*, Frankfurt a. M.: Suhrkamp; (b) G. Schmidt (1998), *Sexuelle Verhältnisse. Über das Verschwinden der Sexualmoral*, Reinbek: Rowohlt; (c) G. Schmidt (2005), *Das neue Der Die Das. Über die Modernisierung des Sexuellen*, Gießen: Psychosozial Verlag; (d) V. Sigusch (2005), *Neosexualitäten. Über den kulturellen Wandel von Liebe und Perversion*, Frankfurt a. M.: Campus Verlag.

Einen eher hoffnungsvollen Ausblick auf die Zukunft hingegen vermittelt folgendes Buch: D. Revenstorf (2008), *Die geheimen Mechanismen der Liebe. 7 Regeln für eine glückliche Beziehung*, Stuttgart: Klett-Cotta.

Siehe auch die Literatur von U. Clement, G. Schmidt und V. Sigusch zu Kapitel 3.

Glossar

Anorgasmie: sexuelle Funktionsstörung, bei der ein Orgasmus noch nie möglich war (primäre Anorgasmie) oder trotz früherer befriedigender Erfahrungen derzeit (sekundäre Anorgasmie) nicht möglich ist.

Appetenzphase: erste Phase des sexuellen Erregungszyklus, gekennzeichnet durch sexuelles Verlangen.

Degeneration: Bezeichnung für vom Üblichen abweichende negative Entwicklungen im Sinne einer Entartung, die den körperlichen oder geistigen Verfall zur Folge haben kann.

Delinquenz: (lat.) Straftat; Delinquent: Straffälliger. Als sexuell delinquent gelten Personen, die Straftaten gegen die sexuelle Selbstbestimmung anderer Menschen begehen.

Devianz: psychologisch-soziologische Bezeichnung für Abweichungen im Verhalten, Denken oder Erleben eines Menschen von einer definierten Normalität.

Dissozialität: ständiges konflikthaftes Verhalten durch Missachtung allgemeingültiger sozialer Regeln. Mögliche Folgen sind: Verwahrlosung, Streitsucht, Neigung zu Gewalttätigkeit und kriminellem Verhalten.

Dyspareunie: wiederkehrende oder anhaltende genitale Schmerzen in Verbindung mit dem Geschlechtsverkehr.

Ejakulation: der beim Mann auf der Höhe des Orgasmus reflektorisch ausgelöste Samenerguss. →Sexuelle Funktionsstörungen im Zusammenhang mit der Ejakulation betreffen die vorzeitige Ejakulation bereits vor dem Einführen des Penis in die Scheide, beim Einführen oder unmittelbar danach und bevor die Person es wünscht (**Ejaculatio praecox**), oder sie betreffen die ebenfalls unerwünschte verzögerte oder ausbleibende Ejakulation trotz voller Erregung und intensiver Reizung (**Ejaculatio retarda**) sowie die Ejakulation ohne Lust- und Orgasmusgefühl.

Erotomanie: ältere, kaum noch gebräuchliche Bezeichnung für einen →Liebeswahn als psychische Störung; allgemein wurde der Begriff früher auch als Synonym für »Liebestollheit« benutzt, also für das zügellose Suchen und Eingehen von sexuellen Beziehungen zum anderen Geschlecht.

Erotophonie: sexuelle Abweichung (→Paraphilie), bei der wiederkehrende, starke sexuelle Impulse und Phantasien bestehen, die obszöne Telefonanrufe mit Personen beinhalten, die ahnungslos oder mit solchen Anrufen nicht einverstanden sind.

Eugenik: Erforschung und Lehre von der Erbgesundheit mit dem Ziel, erbschädigende Einflüsse und die Verbreitung von Erbkrankheiten zu verhüten.

Exhibitionismus: sexuelle Erregung und Befriedigung durch Zurschaustellung des Genitals vor anderen Menschen.

Fetischismus: der Gebrauch gegenständlicher Objekte als Stimuli für die sexuelle Erregung (z.B. Kleidungsstücke oder Schuhe, Materialien aus Gummi, Plastik oder Leder).

Forensik: Teilbereich der angewandten Psychiatrie und Psychologie, der sich mit medizinischen und psychologischen Problemen befasst, die im Zusammenhang mit rechtlichen Problemen auftreten (z.B. Gutachtenerstellung, Diagnostik und Behandlung von psychisch gestörter Straftätern).

Frenulum: die Eichel des männlichen Gliedes mit der Vorhaut verbindende Hautfalte, sogenanntes Vorhautbändchen.

Frotteurismus: sexuell motiviertes Berühren und Sich-Reiben an Personen, die mit der Handlung nicht einverstanden sind.

Geschlechtsdysphorie: →Störung der Geschlechtsidentität.

Glans: Eichel des männlichen Penis.

Häresie: von der offiziellen Kirchenmeinung abweichende Lehre.

Häretiker: jemand, der von der offiziellen Lehre abweicht; Ketzer.

HIV: Abkürzung für das Humane Immundefizienz-Virus (engl. *human immunodeficiency virus*), auch bezeichnet als ›Menschliches Immunschwäche-Virus‹. Eine Ansteckung führt nach einer unterschiedlich langen, meist mehrjährigen Inkubationszeit zu AIDS (engl. *acquired immunodeficiency syndrome*, ›erworbenes Immundefektsyndrom‹), einer derzeit noch unheilbaren Immunschwächekrankheit. Eine Ansteckung erfolgt in den meisten Fällen durch ungeschützten Sexualverkehr.

Homoerotik, Homophilie: gleichgeschlechtliche Erotik bzw. Liebe, wie sie in der Homosexualität gelebt wird.

Homophobie: in Gesellschaften und bei einzelnen Menschen verbreitete Angst vor der Homosexualität.

Immisio seminis: vollendeter Geschlechtsverkehr mit Samenerguss.

Impulshandlung: Störung der Impulskontrolle, bei der es zu unreflektierten Handlungen als Folge eines innerlichen Dranges oder Zwanges kommt. Die Folgen der Handlung werden nicht bedacht, willentliche Handlungen treten entweder gar nicht auf oder setzen sich nicht gegen den Drang durch (z. B. bei Vergewaltigungstaten und →Paraphilien).

Jurisdiktion: weltliche und geistliche Gerichtsbarkeit; Rechtsprechung.

Jurisprudenz: Rechtsprechung.

Kleptomanie: zwanghaftes Stehlen, Bezeichnung für eine psychische Störung der Impulskontrolle, da der Diebstahl aus nicht nachvollziehbaren Gründen, etwa einer Bereicherungsabsicht, erfolgt; auch haben die gestohlenen Gegenstände zumeist keinen Besitzwert.

Klitoris: schwellfähiges weibliches Geschlechtsorgan, umgangssprachlich auch als »Kitzler« bezeichnet.

Kohabitation: Geschlechtsverkehr.

Legislative: gesetzgebende Gewalt; Gesetzgebung.

libidinös: auf die →Libido bezogen, die sexuelle Lust.

Libido: Begierde, Trieb, insbesondere: Geschlechtstrieb.

Liebeswahn: wie die →Erotomanie eine Bezeichnung für eine psychische Gestörtheit, bei der die wahnhafte, zeitweilig unerschütterliche Überzeugung im Vordergrund steht, von einer anderen Person geliebt zu werden. Sie betrifft meist ledige Personen, häufiger im mittleren Lebensalter. Zentrale Gestalten des Wahns können Prominente (z. B. Schauspieler, Priester, Politiker), aber auch Menschen aus dem persönlichen Umfeld sein (z. B. Nachbar, Lehrer, Arzt, Psychotherapeut).

Lubrikation: das Feuchtwerden der Scheide bei sexueller Erregung der Frau.

Masturbation: wie →Onanie eine Bezeichnung für die sexuelle Selbstbefriedigung.

Menopause: das Aufhören der regelhaften Monatsblutungen in den Wechseljahren der Frau.

Mensis: Monatsblutung der Frau (Plural: Menses).

Narzissmus: bezeichnet allgemein eine Verliebtheit in sich selbst; der Begriff wird teilweise positiv im Sinne eines gesunden Selbstbewusstseins eingesetzt, andererseits zur Kennzeichnung einer psychischen Gestörtheit verwendet. Im letzteren Sinne charakterisiert eine narzisstisch gestörte Person, dass sie nur auf sich selbst bezogen ist und entsprechend handelt, wegen erfahrener Zurückweisung durch andere und trotz Suche nach Liebe und Akzeptanz letztlich aber weder sich selbst noch andere zu lieben vermag.

Östrogen: weibliches Sexualhormon, das die Entwicklung stimuliert und zum Fortbestehen der sekundären Geschlechtsmerkmale beiträgt.

Onanie: seltener gebräuchliche Bezeichnung für →Masturbation; sexuelle Selbstbefriedigung.

Päderastie: (griech.) die sexuelle Beziehung zu gleichgeschlechtlichen Jugendlichen, insbesondere bei Männern. Verbreitet war die Päderastie im alten Griechenland und im alten Orient. Dabei wechselten die Formen von eigentlich homosexuellen Verhältnissen grobsinnlicher Art bis zu kultisch-religiösen oder später auch geistig-erzieherischen Verbindungen.

Pädophilie: Durchführung oder Vorstellung einer sexuellen Betätigung mit präpubertären Kindern als bevorzugte oder ausschließliche Möglichkeit zur Erlangung sexueller Erregung.

Paraphilie: Gruppe von Störungen der Sexualpräferenz, deren Hauptmerkmal darin besteht, dass ungewöhnliche, bizarre Phantasien oder Handlungen zur eigenen sexuellen Erregung erforderlich sind. Dazu zählen: 1. wiederholte sexuelle Betätigung vor oder mit nicht einverstandenen Personen wie →Frotteurismus, →Exhibitionismus, →Voyeurismus; 2. wiederholte sexuelle Betätigung, bei der anderen Personen Leiden oder Demütigungen zugefügt werden wie →sexueller Sadismus oder →Pädophilie.

Pathopsychologie: psychologische Lehre von der Symptomatik psychischer Störungen.

Perversion: allgemein gebräuchliche Bezeichnung für extreme Abweichungen vom Normalen; der Begriff wurde in der Wissenschaft, vor allem innerhalb der Psychoanalyse, auf sexuelle Abartigkeiten eingegrenzt (→ Paraphilie); er wird wegen seines Bedeutungsüberhangs zunehmend weniger verwendet.

Pornographie: mediale Darstellung geschlechtlicher Vorgänge unter einseitiger Betonung des genitalen Bereichs und unter weitgehender Ausklammerung von psychischen oder partnerschaftlichen Gesichtspunkten der Sexualität.

Potenzstörung: selten, außerhalb der Fachwelt aber oft gebräuchliche Bezeichnung für → sexuelle Funktionsstörungen.

Psychopathie: heute kaum mehr gebräuchliche Bezeichnung für Persönlichkeitsstörungen.

Psychopathologie: psychiatrische Lehre von der Symptomatik psychischer Störungen.

psychosexuelle Störung: → sexuelle Funktionsstörungen.

Pyromanie: zwanghaftes Feuerlegen und Brandstiften; Bezeichnung für eine psychische Störung der Impulskontrolle, da weder praktische Gründe noch materielle Vorteile für das Feuerlegen maßgeblich sind.

sexuelle Aberration: starke Abweichung im sexuellen Handeln einer Person von einer definierten Normalität.

sexuelle Delinquenz: Untergruppe sexueller Abweichungen, bei der Straftaten gegen die sexuelle Selbstbestimmung begangen werden. Sowohl Täter wie Opfer benötigen in der Regel eine psychologisch-therapeutische Behandlung.

sexuelle Funktionsstörungen: Störungen des sexuellen Ablaufs bzw. der einzelnen Phasen der sexuellen Aktivierung (Erregungsphase, Plateauphase, Orgasmus, Rückbildung) oder sexuelle Schmerzstörung. Die Beeinträchtigungen im sexuellen Verhalten, Erleben und in den physiologischen Reaktionsweisen behindern eine für beide Partner befriedigende sexuelle Interaktion oder machen sie sogar unmöglich, obwohl die organischen Voraussetzungen gegeben sind.

sexuelle Präferenzen: bevorzugte sexuelle Vorlieben und Neigungen.

sexueller Masochismus: wiederkehrende, anhaltende und starke sexuelle Impulse und Phantasien, die mit einem realen, nicht simulierten Akt der Demütigung der eigenen Person verbunden sind, etwa mit dem Geschlagen- oder Gefesseltwerden oder sonstigem Leiden.

sexueller Sadismus: Störung der Sexualpräferenz mit wiederkehrenden, anhaltenden und starken sexuellen Impulsen und Phantasien, die reale, nicht simulierte Handlungen beinhalten, bei denen das physische und psychische Leiden des Opfers für die Person des Täters sexuell erregend ist.

Sodomie: Der Begriff geht auf sexuelle Verwirrungen der Einwohner der Stadt Sodom zurück (1. Mose 9,5–9) und wurde im Mittelalter für sexuelle Abweichungen jeglicher Art eingesetzt; heute bezeichnet die Sodomie eingegrenzt ausschließlich den sexuellen Verkehr mit Tieren (auch: Zoophilie).

Sozialdarwinismus: Mit dem Begriff wird eine soziologische Theorie gekennzeichnet und zugleich kritisiert, die unter Berufung auf die biologische Lehre von Charles Darwin (1809–1882) von der natürlichen Auslese auch die menschliche Gesellschaft als den Naturgesetzen unterworfen begreift und damit ein präventives Vorgehen gegen Abweichungen und Ungleichheiten legitimiert.

Soziopathie: Dieser zunehmend seltener verwendete Begriff kennzeichnet eine Form der →Psychopathie bzw. Persönlichkeitsstörung, die sich besonders durch ein gestörtes soziales Verhalten und Handeln äußert.

Stalking: Unter Stalking (deutsch: Nachstellung) wird im Sprachgebrauch das willentliche und wiederholte (beharrliche) Verfolgen oder Belästigen einer Person verstanden, deren physische oder psychische Unversehrtheit dadurch unmittelbar, mittelbar oder langfristig bedroht und geschädigt werden kann. Stalking ist in vielen Staaten ein Straftatbestand und Thema kriminologischer und psychologischer Untersuchungen.

Störung der Geschlechtsidentität: vor allem bei Kindern und Jugendlichen beobachtbare Auffälligkeit, die sich darin äußert, dass Jungen sich lieber wie Mädchen verhalten und kleiden oder auch lieber mit Mädchen spielen bzw. dass Mädchen sich lieber wie Jungen verhalten oder kleiden oder auch lieber mit Jungen spielen. Einige bringen bereits von frühester Kindheit an zum Ausdruck, dass sie mit ihrem biologischen Geschlecht nicht einverstanden sind. Diese teils tiefgreifende Unzufriedenheit mit dem eigenen Körper und das Leiden an dem vorhandenen biologischen Geschlecht wird auch als → Geschlechtsdysphorie bezeichnet.

Störung der Sexualpräferenz: → Paraphilie.

Symptomatik: Störungsbild auf der Grundlage seiner spezifischen Störungszeichen (Symptome).

Syndrom: bezeichnet das regelhafte, gleichzeitige, gemeinsame Auftreten von mehreren Einzelsymptomen.

Testosteron: männliches Sexualhormon, das die Entwicklung stimuliert und zum Fortbestehen der sekundären männlichen Geschlechtsmerkmale beiträgt.

Theokratie: Herrschaftsform, bei der die Staatsgewalt allein religiös legitimiert wird, diese Art der »Gottesherrschaft« aber nicht von Priestern ausgeübt zu werden braucht, sondern staatlichen Institutionen wie den Gerichten übertragen wurde.

Transgenderismus: Bezeichnung für einen Forschungsansatz, der sich um eine Erhellung der Phänomene bemüht, die mit einer → Störung der Geschlechtsidentität und des → Transsexualismus zusammenhängen.

Transsexualismus: Wunsch oder Überzeugung eines biologisch als Junge oder Mädchen bzw. Mann oder Frau normal ausdifferenzierten Menschen, dem biologisch anderen Geschlecht anzugehören.

Transvestitismus: sexuell oder auch anders motivierte Lust am Tragen der Kleidung des anderen Geschlechts.

Vaginismus: Scheidenkrampf. Wiederkehrende oder anhaltende unwillkürliche Spasmen der Muskulatur des äußeren Drittels der Vagina, die den Geschlechtsverkehr beeinträchtigen.

Voyeurismus: sexuell motivierter Drang oder Verhalten, anderen Menschen heimlich bei sexuellen Aktivitäten oder Intimitäten wie z. B. beim Entkleiden zuzusehen.
Zölibat: pflichtmäßige Ehelosigkeit aus religiösen Gründen, besonders bei katholischen Geistlichen.
zölibatär: im → Zölibat lebend.
Zoophilie: → Sodomie.